GRUNDKURS
PFLANZEN-
SCHNITT

Knaur

David Squire

GRUNDKURS PFLANZEN-SCHNITT

Werkzeuge · Technik · Zeitpunkt

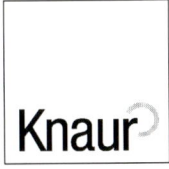

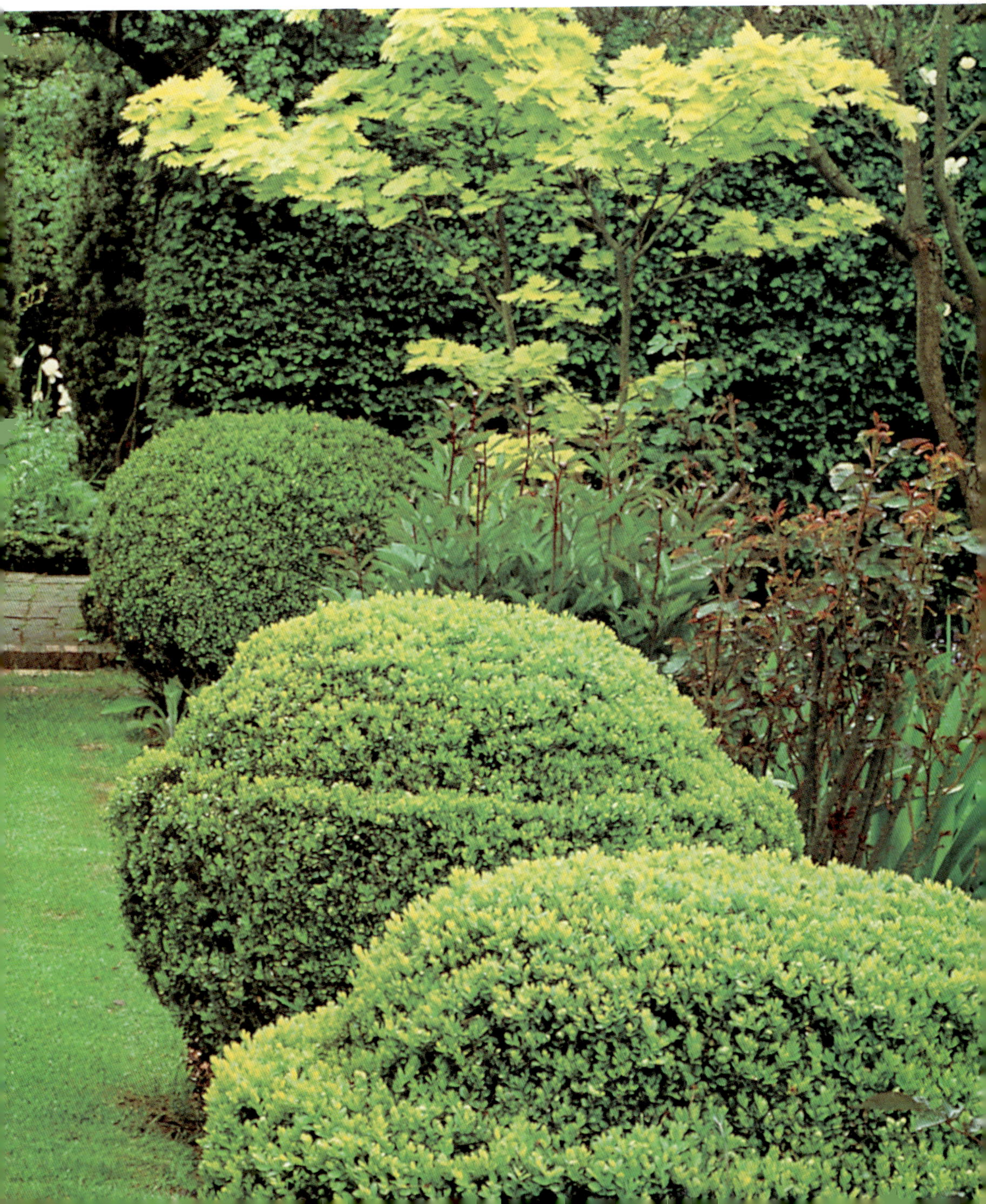

Bibliographische Information Der Deutschen Bibliothek
Die Deutsche Bibliothek verzeichnet diese Publikation in der
Deutschen Nationalbibliographie; detaillierte bibliographische
Daten sind im Internet über http://dnb.ddb.de abrufbar.

Dieses Buch folgt den Regeln der neuen
deutschen Rechtschreibung

Titel der Originalausgabe: Pruning Basics
Hamlyn, Octopus Publishing Group Ltd
2-4 Heron Quays, London E 14 4JP
© Octopus Publishing Group Limited 2001

© 2003 Knaur Ratgeber Verlage.
Ein Unternehmen der Droemerschen Verlagsanstalt
Th. Knaur Nachf. GmbH & Co. KG, München
Alle Rechte vorbehalten

Umschlaggestaltung: ZERO, München
Illustration: Damien Rochford
Gesamtproduktion: Buch & Konzept,
Annegret Wehland, München
Übersetzung: Katrin Johar, Frankfurt/Main
Satz: Media and more, München
Gedruckt auf chlorfrei gebleichtem Papier
Printed in China

ISBN 3-426-66954-4

www.droemer-knaur.de

INHALT

EINFÜHRUNG

Den meisten Gärtnern genügt es nicht, das Wachstum ihrer Pflanzen einzig und allein den Launen der Natur zu überlassen. Sie ziehen es vor, gestaltend einzugreifen, hier und dort eine Pflanze zu stutzen oder sie in eine andere Form zu trimmen, die Bildung größerer Früchte und Blüten anzuregen oder einem vernachlässigten Exemplar neues Leben einzuhauchen. Durch Beschneiden versuchen sie, diese Ziele zu erreichen.

Nur wenige Gartenarbeiten werden so mystifiziert wie diese Tätigkeit, dabei ist sie eigentlich leicht zu erlernen. In gemäßigten Klimazonen wird der Schnittzeitpunkt stark vom Beginn und Ende winterlicher Wetterverhältnisse beeinflusst, die den jungen Austrieb beschädigen können. In tropischen und subtropischen Zonen gibt es ebenfalls wachstumsbegrenzende Faktoren, insbesondere länger andauernde Trockenperioden.

In diesem praktisch orientierten Buch befassen wir uns mit einer Auswahl an Bäumen, Sträuchern und Obstbäumen, die in den gemäßigten Zonen weit verbreitet sind. Ihre Zierformen weisen unterschiedliche Farben und Formen auf und umfassen ein Spektrum von niedrig wachsenden Heidepflanzen bis hin zu ausladenden Bäumen und Sträuchern. Bei manchen werden nur die Blüten ausgeknipst, während bei anderen ganze Zweige und Triebe entfernt werden müssen.

Die besonderen Schnittanforderungen jeder einzelnen Gruppe werden hier in allen Einzelheiten Schritt für Schritt beschrieben. Außerdem werden alte Techniken erklärt, wie das Ringeln und der Wurzelschnitt, die seit der Einführung schwachwüchsiger Unterlagen nur noch selten praktiziert werden. Trotzdem haben sie auch heute noch ihre Daseinsberechtigung, denn in vielen älteren Gärten stehen große, nicht fruchtende Bäume, die gepflanzt wurden, als man diese Hilfsmittel noch nicht kannte.

Die Schnittmaßnahmen, wie sie in diesem Buch vorgestellt werden, sind ungeeignet, um einen Strauch, einen Baum oder eine Konifere auf Dauer klein zu halten. Auf Bonsai, die japanische Kunst, Zwergbäume zu ziehen, wird hier nicht näher eingegangen. Wer nur wenig Platz in seinem Garten hat, sollte im Gartencenter nach kleinwüchsigen Sorten fragen, die heutzutage in großer Zahl zur Verfügung stehen.

Oben: Eine ansprechende, gleichmäßig geformte Krone erhält
man nur, wenn man einen Baum
regelmäßig schneidet.

Links: Die üppige Blütenpracht dieses Rosenstrauches
ist das Ergebnis gezielter
Schnittmaßnahmen.
Rechts unten: Die Gemeine
Eibe *(Taxus baccata)* muss geschnitten werden, um ihre
Form zu bewahren und
neues Wachstum anzuregen.

SINN UND ZWECK VON SCHNITTMASSNAHMEN

Man könnte das Argument ins
Feld führen, dass sogar Gras geschnitten werden muss, um es
in gleicher Höhe zu halten und
um – zumindest bei bestimmten
Sorten – die Bildung junger Triebe anzuregen. Wie auch immer:
Verholzende Pflanzen sind in
erster Linie die Kandidaten, die
uns hier interessieren. Dazu gehören Ziersträucher und -bäume
(einschließlich der Koniferen),
Obstbäume, Büsche, Bambus,
Kletterpflanzen und Hecken.
Und natürlich die Königin der
Blumen: die Rose. Dieser Laub
abwerfende Blühstrauch muss
regelmäßig geschnitten werden, damit er gesund bleibt und
jedes Jahr von neuem wunderschöne Blüten in ausreichender
Zahl hervorbringt. Das Schneiden
von Rosen ist diffiziler als das
von anderen Sträuchern, da es
sehr viele verschiedene Arten
gibt. Außerdem wird ihr Schnitt
vom Bodentyp, vom Pflanzzeitpunkt und vom Zweck ihres
Anbaus beeinflusst – sei es für

Schnittblumen oder als Blickfang
im Garten.

Die Natur hat so unterschiedliche Gattungen von Sträuchern
und Bäumen hervorgebracht,
dass es nicht verwunderlich ist,
wenn die Schnitttechniken stark
variieren. Das betrifft sowohl den
optimalen Zeitpunkt des Schnei-
dens als auch die Pflanzenteile,
die entfernt werden müssen.
Auch Pflanzen innerhalb dersel-
ben Art haben häufig verschiedene Ansprüche. Beispielsweise
wachsen die meisten Arten der
Esskastanie *(Aesculus)* zu sehr
großen Bäumen heran, die als
junge Bäume in Form geschnitten werden. Bei der Zwergkasta-
nie *(A. parviflora)* ist es wichtig,
immer wieder die Entwicklung
von Jungtrieben aus dem Boden
zu fördern.

Sobald Sträucher nicht regelmäßig geschnitten werden, altern
sie vorzeitig und verwahrlosen
zunehmend. Manche werden zu
groß, behindern andere Pflanzen,
lassen das Licht außen vor und

entziehen dem Boden Feuchtigkeit und Nährstoffe zum Nachteil
der benachbarten Pflanzen.

Wenn Sie einen Garten mit
vernachlässigten Pflanzen über-
nehmen, sollten Sie diese nicht
gleich herausreißen. Überlegen
Sie, ob sie nicht vielleicht durch
einen radikalen Rückschnitt noch
zu retten sind. Manche Sträucher
können auch verjüngt werden,
indem das Beschneiden über
zwei oder drei Jahre verteilt wird.
Das Düngen von Sträuchern, die
stark zurückgeschnitten wurden,
fördert zusätzlich die Entwicklung neuer Triebe. Lediglich solche Sträucher, die nur noch aus
einem Wirrwarr von knorrigen
Ästen oder kahlen Zweigen bestehen, sollten durch jüngere
Exemplare ersetzt werden.

BLÜHSTRÄUCHER

Sträucher gehören zu den beliebtesten Gartenpflanzen. Sorgfältig
geschnitten, bringen sie jedes
Jahr für mehrere Wochen farben-

frohe Blüten hervor. Manche blühen im Frühling oder Sommer, andere im Herbst oder Winter, wenn sich die übrigen Pflanzen eher von ihrer tristen Seite zeigen. Manche Sträucher, wie z. B. der Rote Hartriegel (*Cornus alba*), werden insbesondere wegen ihres vielfarbigen Geästs angepflanzt. Andere Sträucher beeindrucken durch eine interessante Herbstfärbung oder ihr schönes Blattwerk. Zu Letzteren gehören sowohl Immergrüne wie die diversen Stechpalmenarten (*Ilex* ssp.), als auch Laub abwerfende Sträucher, wie der Europäische Pfeifenstrauch (*Philadelphus coronarius* 'Aureus'), der in jedem Frühjahr neu austreibt. Ein weiteres augenfälliges Merkmal mancher Sträucher und Bäume sind ihre Beeren, die leuchtende Farbakzente setzen.

BÄUME

Bäume müssen weniger regelmäßig geschnitten werden als Sträucher, obwohl es während der Form bildenden Jahre wichtig ist, quer wachsende Äste zu entfernen. Die meisten Laubbäume werden im Winter während ihrer Ruheperiode geschnitten. Blühende Kirschbäume und andere Mitglieder der Pflaumen-(*Prunus*-) Gattung müssen im Frühling oder Frühsommer geschnitten werden, wenn der Saft steigt, um das Eindringen von Krankheitserregern, wie z. B. Bakterienbrand, zu verhindern.

HECKEN UND FORMSCHNITT

Hecken spielen im Garten eine wichtige Rolle. Zumeist werden sie als Umfriedung, Wind- oder Sichtschutz eingesetzt. Sie müssen regelmäßig geschnitten werden, damit ihre charakteristische

Form erhalten bleibt. Kleine Blühsträucher, die einen Gartenteil von einem anderen abtrennen, werden geschnitten, um eine regelmäßige Blüte zu fördern.

Die Kunst des Formschnitts war schon den alten Römern bekannt. Mit dem Untergang ihres Reiches schwand die Beliebtheit des Formschnitts, obwohl auch im Mittelalter Pflanzen aufgebunden, gestutzt und an biegsamen Stöcke befestigt wurden. Heutzutage werden in erster Linie die Gemeine Eibe (*Taxus baccata*), der Gewöhnliche Buchsbaum (*Buxus sempervirens* 'Suffruticosa') und die immergrüne Strauch-Heckenkirsche (*Lonicera nitida*) für den Formschnitt verwendet.

OBSTBÄUME

Obstbäume müssen regelmäßig geschnitten werden, um die jährliche Produktion von großen, gesunden Früchten zu fördern. Außerdem verhindert man so, dass die Bäume zu dicht werden

und vorzeitig altern. Äpfel und Birnen gibt es in vielfältigen Formen, z. B. als Büsche, Bäume, Spindelbüsche und Spalierobst. Auch beim Beerenobst gibt es große Unterschiede. Schwarze Johannisbeeren tragen z. B. Früchte an den Trieben des vorhergehenden Jahres, während Rote und Weiße Johannisbeeren, zusammen mit den Stachelbeeren, ein eher permanentes Kronengerüst besitzen. Himbeeren treiben jedes Jahr neue Ruten aus. Diese sollten möglichst bald nach der Ernte entfernt werden.

WEINREBEN

Weinreben gehören zu den ältesten Kulturpflanzen. Das Schneiden des verholzten Teils ist ebenso unentbehrlich für die Entwicklung von Trauben wie das Hochbinden der Triebe. Auch das Ausdünnen der Früchte sollte nicht vernachlässigt werden, damit die verbleibenden Beeren groß genug werden.

Baumschere, auch Astschere

Ambossschere

Beipassbaumschere

Beipasshandschere

Baumschere mit Amboss

WERKZEUGE

Schneidewerkzeuge sollten funktional, handlich und leicht zu bedienen sein. Nehmen Sie ein Werkzeug vor dem Kauf immer in die Hand und prüfen Sie, ob es gut in der Hand liegt. Kaufen Sie immer die beste Qualität, die Sie sich leisten können, da solche Werkzeuge länger halten als billigere und einfachere Exemplare. Die Scheren müssen scharf sein, um leicht und erfolgreich arbeiten zu können. Säubern Sie sie nach dem Gebrauch und ölen Sie die Metallteile etwas ein, wenn sie die nächsten Wochen nicht benutzt werden.

Elektrische Geräte können bei unsachgemäßem Gebrauch sehr gefährlich werden. Studieren Sie deshalb immer die Bedienungsanleitung. Gegen Ende der Gartensaison empfiehlt es sich, das Gerät von einem erfahrenen Elektriker prüfen zu lassen und beschädigte Kabel zu ersetzen. Kontrollieren Sie sicherheitshalber alle Stecker und Steckdosen.

Baumscheren gibt es in zwei Versionen: Das Beipassmodell funktioniert wie eine Schere. Beim Ambossmodell steht eine scharfe Schneide einer flachen Metallfläche gegenüber. Beide Modelle sind in verschiedenen Größen erhältlich. Die meisten Baumscheren sind für Rechtshänder, es gibt aber auch Modelle für Linkshänder.

Baumscheren mit einem langen Stiel sind ideal, wenn man hoch gelegene Äste erreichen möchte (z. B. bei Obstbäumen). Sie schneiden 2 bis 3 cm dicke Zweige an bis zu 3 m hohen Ästen. Benutzen Sie die Baumscheren nicht, um extrem dicke oder harte Zweige zu schneiden, da die Schneide sonst stumpf wird. Nach dem Entfernen dicker Äste bedecken Sie die Schnittflächen mit einem pilztötenden Wundverschlussmittel, um das Eindringen von Krankheitserregern zu verhindern. Dafür benutzen Sie am besten einen alten Pinsel.

Astscheren können auch dicke Zweige durchtrennen. Es gibt zwei verschiedene Schnittmodelle: Beipass und Amboss. Die meisten Astscheren haben ca. 40 cm lange Griffe und schneiden bis zu 3,5 cm dickes Holz. Schwere Ausführungen mit 75 cm langen Griffen schneiden 5 cm dickes Holz. Manche Ambossmodelle weisen eine gemischte Schnittfunktion auf, was ein leichteres Schneiden dicker Äste ermöglicht. Leider nutzen sich Astscheren bei häufigem Gebrauch schnell ab.

Klappsägen sind zusammengefaltet gewöhnlich 18 cm und im Gebrauch 40 cm lang. Andere Modelle besitzen 23 cm lange Sägeblätter und sind auseinander geklappt 55 cm lang. Die Zähne schneiden beim Schieben und Ziehen. Die meisten Faltsägen schneiden bis 3,5 cm dickes Holz. Für die meisten Modelle sind Ersatzblätter erhältlich.

Sägen mit geraden Blättern und festen Griffen (Fuchsschwanz) können in der Regel bis zu 13 cm dicke Äste schneiden. Manche Modelle durchtrennen bis zu 18 cm dicke Äste. Die Blattlängen reichen von 25 bis zu 30 cm. Ersatzblätter sind erhältlich.

Sägen mit gekrümmten Blättern schneiden beim Ziehen. Da sich das Sägeblatt verjüngt und spitz zuläuft, leistet diese Säge besonders bei beengten Platzverhältnissen wertvolle Dienste.

Bogensägen sind in der Regel 60 bis 90 cm lang, obwohl es auch 30 cm lange Modelle gibt. Das Blatt wird durch einen Hebel in Spannung gehalten.

Messer wurden früher von Profigärtnern benutzt, um Sträucher und Obstbäume zu schneiden. Ist die Klinge jedoch nicht besonders scharf und wird sie nicht sicher geführt, können Pflanzen und Hände verletzt werden. Messer werden heutzutage in erster Linie benutzt, um die Schnittflächen zu glätten, bevor ein pilztötendes Wundverschlussmittel aufgestrichen wird. Es lohnt sich nicht, ein billiges Messer zu kaufen, da die Klinge ständig nachgeschärft werden muss und vielleicht nicht ausreichend gesichert werden kann.

Handscheren eignen sich hervorragend für das Schneiden von Hecken und Heidekraut-Beeten. Die meisten Modelle schneiden Zweige, die maximal bleistiftdick sind. Manche haben eine Kerbe an der Klingenbasis, damit auch dickere Triebe durchtrennt werden können. Gummiüberzogene Griffe dämpfen die für das Handgelenk anstrengenden Bewegungen, die durch wiederholtes Öffnen und Schließen verursacht werden.

Elektrische Heckenscheren werden für große Hecken benötigt. Wenn kein Stromanschluss in der Nähe ist, kann man sich mit einem akkubetriebenen Modell helfen. Die Schnittmesser sind in der Regel 33 bis 75 cm lang. Einige Heckenscheren besitzen nur an einer Seite ein Messer, die meisten haben aber zwei Messer und können daher auch von Linkshändern benutzt werden.

Säge mit geradem Blatt und festem Griff

Bogensäge

Säge mit gekrümmtem Blatt

Klappsäge

Handschere

Elektrische Heckenschere

1 STRÄUCHER

Ziersträucher bilden das Grundgerüst eines jeden Gartens, um das ausdauernde Stauden, ein- und zweijährige Blumen und Steingartenpflanzen angeordnet werden können. Diese verholzenden Pflanzen sind, zusammen mit Bäumen, die beständigsten Elemente eines Gartens. Sie müssen daher, besonders in jungen Jahren, sorgfältig erzogen und beschnitten werden, wobei die erforderlichen Schnitttechniken von Pflanze zu Pflanze stark variieren. Sobald sie sich ausgeformt haben, benötigen Koniferen wenig Pflege. Laub abwerfende und immergrüne Sträucher sollten dagegen jedes Jahr kontrolliert werden, damit sie durch quer wachsende Äste und übermäßiges Wachstum nicht zu dicht werden.

Laub abwerfende Sträucher verlieren im Herbst ihre Blätter und legen im Winter eine Ruhepause ein, um im Frühjahr erneut auszutreiben. In strengen Wintern können die Spitzen unentwickelter Triebe beschädigt werden, aber in der Regel ist ihr Überleben – außer bei ungewöhnlich frostempfindlichen Sträuchern – gewährleistet.

Nicht alle Laub abwerfenden Sträucher müssen jährlich geschnitten werden, aber diejenigen, die eine solche Behandlung erfahren, können in Abhängigkeit von ihrer Blühzeit in drei Gruppen unterteilt werden: Winter, Frühling bis Sommermitte und Spätsommer. Immergrüne Sträucher behalten, wie der Name schon sagt, ihre Blätter das ganze Jahr über und werden oft weniger häufig geschnitten. Nichtsdestotrotz stellen blühende, immergrüne Pflanzen wie Lavendel (*Lavandula* ssp.) andere Ansprüche als Heidekräuter wie *Erica* ssp. und *Calluna* ssp.

Zunächst müssen Sie wissen, was für einen Strauch Sie vor sich haben: Der Charakter und die Blühzeiten der Sträucher können, sogar innerhalb einer Gattung und zwischen den Arten, stark differieren. Der Schmetterlingsstrauch (*Buddleja davidii*) blüht z. B. vom Mitt- bis zum Spätsommer, während *B. alternifolia* seine Blütenpracht im Frühsommer zeigt. Der Winter-Schneeball (*Viburnum x bodnantense*) blüht vom Spätherbst bis zum zeitigen Frühjahr, während *V. japonicum* seine duftenden Blüten im Sommer trägt. Es empfiehlt sich, die Pflanzen genau zu beschildern und den vollständigen botanischen Namen in ein Notizbuch einzutragen, damit Sie zweifach überprüfen können, dass die richtige Pflanze zur richtigen Zeit geschnitten wird.

Viele der hier vorgestellten Sträucher können in frei wachsenden oder geschnittenen Hecken verwendet werden. Zahlreiche Arten finden Sie auf den Seiten 74–85. Der Hauptunterschied besteht darin, dass Hecken gewöhnlich stärker zurückgeschnitten werden als Solitärpflanzen, die in einer Rabatte wachsen. Die Laub abwerfenden Sträucher der folgenden Seiten werden nach ihrer

Links: Die Arten des Pfeifenstrauchs (*Philadelphus*) werden wegen ihrer im Sommer erscheinenden, duftenden Blüten angepflanzt.

Oben: Die Säckelblume (*Ceanothus arboreus* 'Trewithin Blue'), an einer Wand emporgezogen, sorgt im Frühsommer für blaue Farbflecken im Garten.

Blühzeit eingeteilt. Diese variiert natürlich in Abhängigkeit vom regionalen Klima und vom Mikroklima in Ihrem Garten.

Egal, welcher Schnittgruppe ein Strauch angehört: Entfernen oder verbrennen Sie geschnittenes Holz, falls es mit Krankheiten oder Schädlingen befallen sein sollte. Nur so können Sie sicher sein, dass sich Krankheiten und Schädlinge nicht auf andere Pflanzen ausbreiten. Wenn ein Strauch mit scharfen Scheren und sauber geschnitten wird, ist es nicht nötig, einen Wundverschluss anzubringen. Nach einem sauberen Schnitt wird sich an einem dünnen Zweig schnell ein Kallus bilden.

LAUB ABWERFENDE STRÄUCHER

In gemäßigten Zonen, wo jedes Jahr im Herbst oder zeitigen Winter die Temperaturen sinken und die Pflanzen dem Frost ausgesetzt sind, können Laub abwerfende Sträucher in drei Gruppen eingeteilt werden:

Zum einen die im Winter und zeitigen Frühjahr blühenden Arten, die nur wenig und direkt nach dem Welken der Blüten geschnitten werden (siehe Seite 16–17). Zu dieser Gruppe gehören Pflanzen wie die Zaubernuss (*Hamamelis mollis*), die von Wintermitte bis zum Spätwinter goldgelbe Blüten trägt, und die Kornelkirsche (*Cornus mas*), die im Spätwinter Dolden gelber Blüten zeigt.

Die vom Mittfrühling bis zum Mittsommer blühenden Sträucher (siehe Seite 18–19) bilden die zweite Gruppe und werden geschnitten, sobald sie verblüht sind, damit der junge Austrieb, der durch den Schnitt angeregt wurde, vor Ausbruch des Winters Zeit zum Reifen und Verholzen hat. Zu dieser Gruppe gehören Pflanzen wie die Deutzie (*Deutzia* ssp.), die Kolkwitzie (*Kolkwitzia amabilis*) und die Weigelie (*Weigelia* ssp.).

Die im Spätsommer und Herbst blühenden Sträucher gehören zur dritten Gruppe (siehe Seite 20–21). Sie werden erst im Frühjahr des Folgejahres geschnitten, wenn keine Frostgefahr mehr besteht. In dieser Gruppe finden sich z. B. winterharte Fuchsien, Säckelblumen (*Ceanothus* ssp.) und Spiersträucher (*Spiraea japonica*).

Der Schnitt

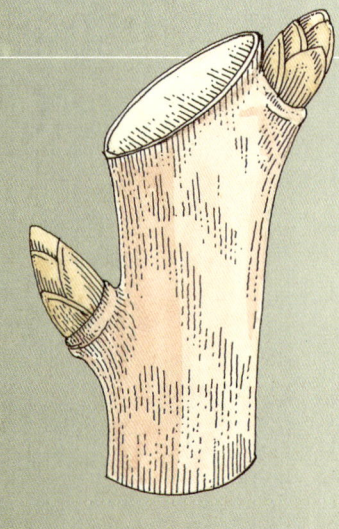

Wichtig für das nachfolgende Wachstum ist die Lage der Schnittstelle im Verhältnis zur Knospe. Die Abbildung zur Linken zeigt die korrekte Lage des Schnittes: etwas schräg, die obere Spitze knapp über der Knospe. Rutscht die Schnittstelle etwas tiefer in Richtung der Knospe (**a**), kann diese verletzt werden. Sitzt die Schnittstelle zu hoch (**b**), kann der Stumpf absterben und bietet möglicherweise Krankheitserregern Einlass. Schnittstellen, die sehr dicht neben der Knospe liegen (**c**), nehmen ihr die Stütze und verletzen sie eventuell.

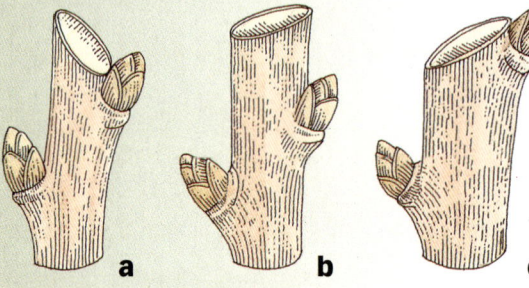

a   b   c

Hier werden die wichtigsten Schnittregeln vorgestellt, aber es gibt viele artspezifische Abweichungen, die auf den Seiten 16–23 detailliert beschrieben werden. Dazu gehört z. B. das Stehenlassen des Blütenstandes bei der Gartenhortensie *(Hydrangea macrophylla)*, die von Sommermitte bis in den Herbst hinein blüht – und sogar bis zum Frühjahr des Folgejahres, nachdem die alten Triebe entfernt und junge stehen gelassen wurden. Belässt man die alten Blütenstände über Winter an den Zweigen, werden die Triebe geschützt. Zudem sehen die reifüberzogenen Blüten sehr hübsch aus.

Die Einteilung der Laub abwerfenden Blühsträucher in drei Gruppen basiert auf der Annahme, dass ab Frühlingsende oder Frühsommer kein Frost mehr herrscht. In Wirklichkeit gibt es aber von Ort zu Ort starke Abweichungen, was das Wetter und vor allem das Auftreten der letzten Minustemperaturen betrifft. Daher muss das lokale Klima beachtet werden, damit Jungtriebe im Frühsommer nicht durch Frost beschädigt werden. In Gegenden, wo es selten zu späten Frosteinbrüchen kommt, kann gegen Winterende beschnitten werden. Haben Sie Zweifel über die Stärke und den Zeitpunkt des Frostes, können Sie bei der örtlichen Wetterstation um Rat fragen. Auch die lokalen Gartenvereine können oft Auskunft über das Mikroklima in einer bestimmten Gegend geben.

Manchmal sind alte, vernachlässigte Sträucher mit Algen überwachsen. Der Großteil wird mit einem Verjüngungsschnitt entfernt, und die restlichen Algen können eventuell abgebürstet werden, falls sie stören sollten. Beachten Sie, dass die im Spätwinter und im Frühling blühenden Blumenzwiebeln unter und in der Umgebung der Laub abwerfenden Sträucher vergraben und noch nicht sichtbar sind. Beim Betreten des Bodens ist also Vorsicht geboten, denn die Triebspitzen liegen direkt unter der Oberfläche und können leicht verletzt werden. Auch die Triebe früh austreibender Stauden können beschädigt werden, wenn man darüber läuft.

Links: Die Zaubernuss *(Hamamelis mollis)* ist ein im Winter blühender Strauch, der nur wenig beschnitten werden muss.
Unten: Sind die Blüten der Kolkwitzie *(Kolkwitzia amabilis)* im Frühsommer verblüht, schneidet man die abgeblühten Zweige aus, um den Neuaustrieb zu fördern.

Laub abwerfende Sträucher: Winter- und zeitige Frühjahrsblüher

Winterfärbung

Viele Sträucher werden wegen ihres attraktiven Geästs angepflanzt, um in winterlichen Rabatten farbige Akzente zu setzen. Zu diesen Sträuchern gehören der Hartriegel *(Cornus alba) C. stolonifera* (syn. *C. sericea*) und *C. stolonifera* 'Flaviramea'). Schneiden Sie im Frühjahr mit der Baumschere alle Äste 5 bis 8 cm über dem Boden ab. So wird die Entwicklung von Jungtrieben angeregt, die im Winter durch ihre leuchtenden Farben das Auge erfreuen.

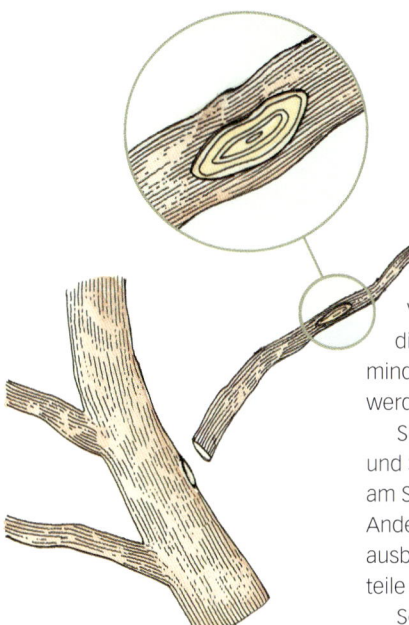

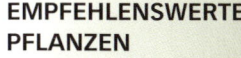

WINTERBLÜHER RICHTIG PFLEGEN

Die im Winter blühenden Sträucher benötigen nur wenig Beschnitt. Jungpflanzen müssen in Form gebracht werden, und quer wachsende Zweige, die eine Verdichtung erzeugen und die Sonneneinstrahlung vermindern können, sollten entfernt werden.

Schneiden Sie mit Krankheiten und Schädlingen befallene Triebe am Stammansatz aus (oben). Andernfalls kann sich der Befall ausbreiten und andere Pflanzenteile beschädigen.

Sobald die Blüte beendet ist, werden die Winterblüher beschnitten. So haben sie ausreichend Zeit, vor Beginn der kalten Jahreszeit neue Triebe hervorzubringen und zu reifen.

Die Größe von winterblühenden Sträuchern ist leichter zu kontrollieren als die der anderen beiden Gruppen.

EMPFEHLENSWERTE PFLANZEN

***Abeliophyllum distichum* (Weiße Forsythie)** ist ein frühblühender, Laub abwerfender Strauch, der nur das Entfernen abgestorbener Äste im Frühling erfordert. In kalten Gegenden warten Sie mit dem Schneiden bis zum zeitigen Sommer. Gegen Ende des Winters bis zum Frühlingsanfang erscheinen duftende, rosa überhauchte, weiße Blüten.

***Corylopsis* ssp. (Scheinhasel)** trägt im zeitigen Frühjahr Trauben duftender, gelber Blüten. Nur zu dicht gewachsene Triebe sollten gelegentlich nach der Blüte ausgedünnt werden.

***Forsythia* ssp. (Forsythie, Goldglöckchen)** gibt es in vielen Sorten: *F. x intermedia* 'Spectabilis' gehört mit ihren leuchtend gelben, glockenförmigen Blüten zu den schönsten Sorten. *F. x intermedia* 'Lynwood' besitzt noch größere, sattgelbe Blüten. Schneiden Sie diese jedes Jahr nach der Blüte. Entfernen Sie wuchernde, deplatzierte Zweige und kürzen Sie lang und stark wachsende Triebe ein. Ohne Schneiden verdichtet sich das Geäst und die Anzahl der Blüten verringert sich.

***Hamamelis* ssp. (Zaubernuss)** benötigt kein regelmäßiges Beschneiden, aber wuchernde, kranke, verdichtete oder quer wachsende Triebe sollten im Spätwinter oder Frühling entfernt werden. *H. mollis*, bis zu 2,4 m hoch und breit, trägt im Winter Spinnen ähnliche, duftende, goldgelbe Blüten. Im Herbst hat sie mittelgrüne Blätter mit gelben Flecken.

***Stachyurus chinensis* (Perlschweif)** ist ein ausladender Strauch, der im Spätwinter oder zeitigen Frühjahr blassgelbe Blüten an gebogenen Zweigen trägt. Um die Frühlingsmitte sollten Sie lange Triebe kürzen, um seine Form zu wahren.

***Viburnum* (Schneeball)** stellt eine umfangreiche Gattung dar, zu der einige winterblühende Arten gehören. Nach der Blüte im Frühling muss gelegentlich zu dichtes Geäst entfernt werden.

Links: Die Weigelie (*Weigela* 'Eva Rathke') trägt im Früh-sommer hübsche karmesin-rote Blüten.

Unten: Der Traubenholunder (*Sambucus racemosa* 'Sutherland Gold') besitzt farben-frohe, gefiederte Blätter. Um ein prächtiges Blattwerk zu erhalten, schneiden Sie im Frühjahr alle Zweige bis auf Bodenhöhe zurück.

Laub abwerfende Sträucher: Frühjahrsblüher

FRÜHJAHRSBLÜHER RICHTIG PFLEGEN

Laub abwerfende Sträucher, die zwischen Mittfrühling und Mitt-sommer blühen, sollten geschnit-ten werden, sobald die Blüten welken.

Zuerst schneiden Sie dünne, schwache und quer wachsende Zweige aus. Dann werden alle Zweige, die Blüten getragen haben, so weit abgeschnit-ten, dass nur noch einige Knopsen übrig bleiben. Durch das Entfernen der abgeblühten Triebe bleiben junge Zweige übrig, die im Folge-jahr blühen. Wurden die Sträucher mehrere Jahre lang vernach-lässigt, können sie durch das Zurückschneiden des gesamten Strauches ver-jüngt werden. In der Regel be-deutet dies den Verlust einer Blühperiode.

EMPFEHLENSWERTE PFLANZEN

Amelanchier lamarckii (**Kupfer-felsenbirne**) trägt im Mittfrühling Unmengen weißer Blüten in lockeren Trauben. Im Herbst werden die zuerst kupferfarbenen, dann grünen Blätter gelb und orange. Im Spätsommer zeigen sich rote, schwarz-lila färbende Früchte. Diese Pflanze wird bis zu 3 m hoch. Zu dichte Büsche sollten im Frühsommer nach der Blüte ausgedünnt werden. *A. canadensis* und *A. laevis* werden ähnlich behandelt.

Buddleja globosa (**Schmetter-lingsstrauch**) wird nach dem Ab-blühen im Frühsommer geschnitten. Entfernen Sie verwelkte Blüten und 5 bis 8 cm des alten Holzes.

Caragana arborescens (**Gemei-ner Erbsenstrauch**) muss nicht regelmäßig geschnitten werden, mit Ausnahme zu langer Triebe an jungen Pflanzen nach der Blüte.

Cytisus x praecox (**Elfenbein-ginster**) ist ein buschiger, stark wuchernder, bis zu 1,8 m hoher Strauch. Die gebogenen Zweige tragen von Frühlingsmitte bis -ende cremefarbene, erbsenförmige Blü-ten. Die Züchtung 'Allgold' hat atem-beraubend schöne, leuchtend gelbe Blüten. Durch das Einkürzen der Leittriebe im ersten Sommer er-halten Sie eine buschige Form. Bei ausgeformten *Cytisus*-Pflanzen, die an den Trieben des Vorjahres geblüht haben, schneiden Sie alle Zweige nach der Blüte um zwei Drit-tel zurück. Andere *Cytisus*-Arten, die am diesjährigen Holz blühen, wer-den im Frühjahr geschnitten, wobei vor dem Einsetzen der Wachstums-periode die Zweige stark gekürzt werden.

Deutzia ssp. (**Deutzie**) stellen attraktive Sträucher dar, die von der Mitte des Frühlings bis zur Sommer-mitte weiße oder blassrosa Blüten tragen. Schneiden Sie nach der Blüte alle Triebe bis zum Wurzel-stock zurück.

Dipelta floribunda (**Doppel-schild**) ist ein vieltriebiger, bis zu 4 m hoher Strauch. Nach dem Ab-blühen zu Beginn oder Mitte des Sommers schneiden Sie einige alte Zweige bis auf Bodenhöhe ab, um einen lockeren Aufbau und den Neuaustrieb zu fördern.

Enkianthus campanulatus (**Glockige Prachtglocke**) trägt gegen Frühlingsende Trauben mit rosa geäderten, gelben Blüten und muss im Spätwinter nur in Form geschnitten werden.

Fothergilla ssp. (**Federbusch-strauch**) benötigt nur gelegent-liches Ausdünnen zu dichter und dünner Zweige gegen Frühlings-ende oder zu Sommeranfang nach der Blüte. *F. major* ist ein etwa 2,4 m hoher und 1,8 m breiter, nordame-rikanischer Strauch. Er zeigt im Spätfrühling Ähren aus duftenden, cremefarbenen Blüten. Im Herbst färben sich die dunkelgrünen Blätter rot oder orangegelb.

Hippophae rhamnoides (**Sand-dorn**) trägt im Frühling winzige, gelbgrüne Blüten. Wuchernde Triebe sollten im Spätsommer entfernt werden.

Kerria japonica (**Ranunkel-strauch**) ist ein Ausläufer treiben-der Strauch. Im Spätfrühjahr und zeitigen Sommer trägt er orange-gelbe Blüten. Die Sorte 'Pleniflora' hat gefüllte Blüten und ist wuchs-freudiger als die einfachen Arten. Beide werden gewöhnlich 1,2 bis 1,8 m hoch. Nach der Blüte schnei-den Sie das alte Holz aus oder alter-nativ die Zweige in Bodenhöhe ab, um das Wachstum kräftiger Triebe anzuregen.

Kolkwitzia amabilis (**Kolkwitzie**) bietet im Spätfrühling und zeitigen Sommer ein prächtiges Schauspiel. Büschel von rosa Blüten mit gelben Kehlen zieren die Enden zierlicher Zweige. Sie wächst aufrecht mit überhängenden Zweigen und wird ca. 2,4 bis 3 m hoch. Im Früh-sommer sollten die abgeblühten Triebe vollständig entfernt werden.

Paeonia suffruticosa (**Strauch-päonie**) wird etwa 2 m groß und trägt weiße, rosa, rote oder purpur-ne Blüten, die teilweise duften. Im Frühling sollten abgestorbene Triebe und alte Samenstände entfernt werden.

Perovskia atriplicifolia (**Russi-scher Salbei**) besitzt interessante graue Blätter und blaue Blüten. Um die Frühlingsmitte schneiden Sie alle Triebe in 30 cm Höhe ab, um neues Wachstum anzuregen. In kal-ten Gegenden warten Sie mit dem Schneiden bis nach dem Frost.

Sambucus ssp. (**Holunder**) ist ein frohwüchsiger Strauch. Mitte des Frühlings lichten Sie die Büsche aus. Werden die Sorten *S. racemosa* 'Plumosa Aurea' und *S. nigra* 'Aureo-marginata' wegen ihrer bunten Blätter angepflanzt, sollten Sie alle Zweige im Frühjahr bis auf Boden-höhe abschneiden.

Spiraea (**Spierstrauch**) ist eine Gattung mit etwa 80 Sträuchern, manche halb immergrün, die meisten Laub abwerfend. *S.* 'Arguta' (syn. *S. x arguta* 'Bridal Wreath') ist zwischen Frühlingsmitte und -ende mit großen Büscheln weißer Blüten bedeckt und passt ideal zu Strauch-rabatten oder neben Gartenwege und Abgrenzungen. Weitere früh-lingsblühende Arten sind *S. thunber-gii* und *S. x vanhouttei*, beide mit Büscheln weißer Blüten. Bei jungen Sträuchern werden die Blühtriebe nach der Blüte zurückgeschnitten und ein bis zwei Triebe am Wurzel-stock belassen. Im Spätwinter schneiden Sie möglichst viel altes Holz aus und lassen die vorjährigen Triebe stehen, damit sie im Folge-jahr blühen können. Bei *S. japonica* 'Bumalda' schneiden Sie im Spät-winter oder Frühling alle Triebe 8 bis 10 cm über dem Boden ab.

Staphylea ssp. (**Pimpernuss**) benötigt kein regelmäßiges Schnei-den, aber lange Triebe werden nach der Blüte im Spätfrühling zurück-geschnitten.

Stephanandra ssp. (**Kranzspiere**) ähnelt *Spiraea*. Entfernen Sie alte und dürre Zweige im Spätwinter oder Anfang Sommer.

Weigelia-(**Weigelie-**)Züchtungen sind Laub abwerfende, ca. 1,5 bis 1,8 m hohe Sträucher mit kleinen Blüten im Frühsommer. Zusätzlich besitzt *W.* 'Florida Variegata' mittel-grüne Blätter mit cremefarbenen Rändern. *W.* 'Eva Rathke' zeigt karmesinrote Blüten. Schneiden Sie jedes Jahr nach der Blüte im Mittsommer einige der alten Äste bis auf Bodenhöhe ab. Wenn man ihn vernachlässigt, verwächst der Strauch schnell zu einem wir-ren Dickicht mit unscheinbaren Blüten.

Links: Die Zistrose *(Cistus creticus* ssp. *incanus)* ist ein immergrüner, buschiger Strauch, der den ganzen Sommer über hübsche violett-rosa Blüten trägt.

Rechts: Der Sommerjasmin *(Philadelphus* 'Dame Blanche') mit seinen dunkelgrünen Blättern ist von Sommer-anfang bis -mitte über und über mit weißen Blüten bedeckt.

Laub abwerfende Sträucher: Spätblüher

SPÄTBLÜHER RICHTIG PFLEGEN

Sträucher, die im Spätsommer oder Herbst blühen, werden gegen Frühlingsende des Folge-jahres geschnitten. Bei Schnitt-maßnahmen direkt nach der Blüte würden die kurz darauf erscheinenden Jungtriebe durch den bald zu erwartenden Frost geschädigt werden.

Zuerst schneiden Sie abge-storbenes und krankes Geäst aus, dann die quer wachsenden Triebe. Gleichzeitig entfernen Sie dünne und schwache Triebe. Danach werden direkt über einer Knospe alle Zweige abge-schnitten, die im Vorjahr geblüht haben. Je nach Strauchspezies variiert der Schnitt etwas (siehe Seite 22–23).

Hortensienbeschnitt

Die Gartenhortensie *(Hydrangea macrophylla)* ist ein ausgezeichneter Gartenstrauch, der von Sommermitte bis in den Herbst hinein blüht. Belassen Sie die Blütenzweige und alten Blütenstände bis zum Winterende oder Frühlingsanfang an ihrem Platz. Dann werden alle Triebe, die im Vorjahr geblüht haben, ausgeschnitten. Auf diese Weise wird der Strauch radikal gelichtet, lässt Licht und Luft durch und regt die Bildung junger Triebe an, die im Folgejahr Blüten tragen.

EMPFEHLENSWERTE PFLANZEN

Aesculus parviflora (Zwerg-kastanie) ist ein Ausläufer trei-bender Strauch. Schneiden Sie im Spätsommer oder zeitigen Frühling zu dicht gewachsene, alte Zweige auf Bodenhöhe ab, um die Entwick-lung von jungen Trieben anzuregen. Wird der Schnitt bis zum Frühling verschoben, besteht bei allen Mit-gliedern der Rosskastanienfamilie die Gefahr des Ausblutens.

Artemisia abrotanum (Eber-raute) ist in milden Klimazonen halb immergrün. Im zeitigen Früh-jahr werden erfrorene und zu dichte Triebe entfernt.

Buddleja (Schmetterlings-strauch) ist eine Gattung mit etwa 100 Laub abwerfenden, immer-grünen und halb immergrünen Arten. Schneiden Sie alle abgeblühten Zwei-ge von *B. alternifolia* gegen Ende des Frühsommers um ca. zwei Drittel zurück, damit der Strauch nicht zu dicht wird. *B. davidii* muss in jedem Frühjahr beschnitten werden. Schnei-den Sie alle Triebe des Vorjahres 5 bis 8 cm im alten Holz zurück, um die Bildung neuer Triebe anzuregen, die später im Jahr Blüten tragen.

Callicarpa dichotoma (Schön-frucht) wird im Frühling (Anfang bis Mitte) bei zu dichtem Wuchs aus-gelichtet, wobei so viel wie möglich des jungen, gesunden Holzes ste-hen bleiben sollte.

Calycanthus ssp. (Gewürz-strauch) trägt duftende Blüten am diesjährigen Holz. Zu dichte Büsche werden im Frühjahr ausgelichtet, wobei so viel wie möglich des jun-gen und gesunden Holzes stehen bleiben sollte.

Caryopteris x *clandonensis* (Clandon-Bartblume) trägt im Spätsommer blaue Blüten. Schnei-den Sie im zeitigen Frühjahr die Triebe des Vorjahres, wobei schwa-che Triebe bis auf Bodenhöhe und kräftigere bis zu den gesunden Knospen abgeschnitten werden.

Ceanothus ssp. (Säckelblume) tritt immergrün oder Laub abwerfend auf. Schneiden Sie Laub abwerfende Sträucher, die im Spätsommer und Herbst blühen, im Frühling. Stärkere Zweige, die im Vorjahr Blüten getra-gen haben, werden auf 15 bis 30 cm Entfernung vom alten Holz zurück-geschnitten.

Ceratostigma willmottianum ist ein frostempfindlicher Strauch mit reizenden, blassblauen Blüten in endständigen Büscheln, die von Mitte bis Ende Sommer blühen. Die rautenförmigen, dunkelgrünen Blätter nehmen im Herbst eine röt-liche Tönung an. Falls die Pflanze erfrieren sollte, schneiden Sie sie in der Frühlingsmitte ganz bis auf den Wurzelstock zurück. Besteht kein Frostschaden, entfernen Sie nur die alten, abgeblühten Triebe.

Chimonanthus praecox (Winter-blüte) wird, falls an einer Wand em-porgezogen, bis auf zwei Knospen vom Wurzelstock entfernt zurückge-schnitten, sobald die gelben, würzig duftenden Blüten verwelkt sind. Wenn er als Busch in eine Rabatte gepflanzt wurde, werden im Früh-jahr nur die dünnen Triebe entfernt.

Chionanthus virginicus (Virgi-nischer Schneeflockenbaum) ist ein Laub abwerfender Strauch bzw. ein kleiner, bis zu 3 m hoher Baum. Nach der Blüte im Mitt-sommer werden zu dichte Büsche ausgelichtet und schwache, dürre Zweige entfernt.

Cistus (Zistrose) wird wegen ihrer auffallenden Blüten angepflanzt, die den ganzen Sommer über blühen. Bei Jungpflanzen knipsen Sie die Vegetationspunkte der jungen Trie-be aus, um buschige Pflanzen zu erhalten. Als erwachsene Pflanzen vertragen sie keinen Schnitt. Alte, dürre und unansehnliche Pflanzen werden am besten ersetzt.

Clerodendrum bungei (Los-strauch) und *C. trichotomum* sind etwas frostempfindliche Pflanzen, deren frostgeschädigte Triebe im Frühjahr entfernt werden sollten. Zu große Pflanzen schneiden Sie im Frühjahr bis auf 30 bis 35 cm vom Wurzelstock entfernt zurück.

Clethra alnifolia (Silberkerzen-strauch) ist ein Laub abwerfender Busch mit duftenden, glockenförmi-gen, cremefarbenen Blüten von Spätsommer bis Herbst. Die Züch-tung 'Pink Spire' hat hübsche, rosa Blüten, *C. arborea* stark duftende, weiße Blüten. Ein regelmäßiges Schneiden ist nicht erforderlich. Im Winter und zeitigen Frühjahr wer-den nur alte, dünne und schwache Triebe entfernt.

Genista ssp. (Ginster) erhält eine buschige Wuchsform, indem man die Triebspitzen abknipst.

Hibiscus syriacus (Roseneibisch) erfordert keinen regelmäßigen Rück-schnitt, aber lange Triebe sollten im Frühling gekürzt werden.

Unten links: Schneiden Sie den Schmetterlingsstrauch (*Buddleja davidii* 'Harlequin') regelmäßig im Frühjahr, um den Neuaustrieb anzuregen.
Rechts: Die langen Triebe vom Roseneibisch (*Hibiscus syriacus* 'Red Heart') sollten im Frühjahr eingekürzt werden.

Hydrangea (Hortensie) ist eine Gattung, die ca. 80 Arten umfasst, einschließlich einiger Immergrüner und Kletterpflanzen (zumeist Laub abwerfend und buschig). *H. arborescens* wird bis zu 2,4 m hoch und trägt weiße Blüten in Doldentrauben. Im Spätwinter oder Anfang Frühling schneiden Sie alle Triebe, die im Vorjahr Blüten getragen haben, um ein Drittel oder die Hälfte zurück.

Indigofera decora ist ein frostempfindlicher Strauch mit rotweißen Blüten. Im zeitigen Frühjahr sollten frostgeschädigte Triebe entfernt werden. Wird ein Strauch zu dicht oder zu groß oder wurde er durch Frosteinwirkung stark geschädigt, schneiden Sie im Frühling alle Zweige bis fast auf Bodenhöhe zurück.

Leycesteria formosa ist ein aufrechter Strauch mit weißen Blüten und violetten Deckblättern. Im Frühling werden alle abgeblühten Triebe auf Bodenhöhe abgeschnitten.

***Philadelphus* ssp. (Sommerjasmin)** wird wegen seiner duftenden Blüten angepflanzt. Nach der Blüte werden alle Blühzweige zurückgeschnitten. Lassen Sie Jungtriebe stehen, da diese im Folgejahr Blüten tragen.

Potentilla fruticosa und ***P. fruticosa* var. *arbuscula* (Strauchfingerkraut)** blühen den ganzen Sommer und Herbst. Nach der Blüte schneiden Sie dürre, alte und schwache Triebe auf Bodenhöhe ab.

***Rhus* ssp. (Essigbaum)** benötigt in der Regel kein regelmäßiges Schneiden, aber wenn Sie üppiges Blattwerk wünschen, schneiden Sie von *R. typhina*, *R. typhina* 'Dissecta' und *R. glabra* zwischen Spätwinter und Mittfrühling alle Zweige bis auf den Boden zurück. In kalten Gegenden wartet man mit dem Schnitt besser bis zum späten Frühjahr.

***Romneya coulteri* (Kalifornischer Baummohn)** muss kaum geschnitten werden, mit Ausnahme des Entfernens frostgeschädigter Zweige in der Frühlingsmitte. Dieser Halbstrauch wächst in kalten Regionen eher krautig.

***Rubus* (Zierbrombeere)** ist eine winterharte Pflanze, die im Sommer weiße, rosa, rote oder violette Blüten trägt. Bei manchen Arten, wie *R. biflorus,* die wegen ihrer farbenfrohen Zweige gepflanzt werden, schneiden Sie gegen Ende des Frühlings alle alten Triebe bis auf Bodenhöhe zurück, um den Neuaustrieb anzuregen. Bei den anderen Arten schneiden Sie alte Zweige nach der Blüte bis auf Bodenhöhe ab.

***Spartium junceum* (Spanischer Ginster)** ist ein winterharter, Laub abwerfender Strauch mit binsenähnlichen Zweigen, die goldgelbe, duftende Blüten vom frühen bis zum späten Sommer tragen. Während des Sommers sollten Sie Jungpflanzen mehrere Male leicht kürzen, um eine buschige Form zu erhalten. Gegen Winterende oder im Spätsommer kürzen Sie die Zweige ausgeformter Pflanzen um ein Drittel oder die Hälfte ein. Schneidet man sie im Herbst, soll die Blüte – wie man öfter hört – früher einsetzen.

***Symphoricarpos* ssp. (Schneebeere)** trägt kleine weiße oder rosa Blüten, denen weiße oder blauviolette Beeren folgen. Gegen Ende des Winters schneiden Sie ein paar der ältesten Triebe bis auf Bodenhöhe zurück und entfernen alle quer wachsenden oder zu dichten Zweige.

IMMERGRÜNE STRÄUCHER

Immergrüne Sträucher sind das ganze Jahr über von Blättern bedeckt, wobei ständig alte Blätter abfallen und von neuen ersetzt werden. Haben sie einmal Fuß gefasst, benötigen diese Sträucher keine weitere Pflege als das Ausschneiden schwacher, kranker und dürrer Triebe im Frühjahr. Immergrüne Sträucher sollten nie im Winter geschnitten werden, da die jungen Triebe, die sich in der Folge entwickeln, durch Frost Schaden nehmen können.

VERJÜNGUNGSSCHNITT

Je weiter große, vernachlässigte immergrüne Sträucher in das alte Holz zurückgeschnitten werden, desto unwahrscheinlicher ist es, dass junge Triebe aus dem Wurzel-

Winterschäden

In außergewöhnlich kalten Wintern werden die Blätter immergrüner Sträucher oft von Frost geschädigt: Die Ränder werden dunkel, mürbe und brüchig. Entfernen Sie im Frühjahr mit einer scharfen Baumschere (keinesfalls mit einer Handschere!) die beschädigten Blätter zusammen mit den Stielen. Schneiden Sie dicht an der Blattachsel, ohne kurze Stümpfe zurückzulassen, da diese eventuell faulen und den Eintritt von Krankheiten erleichtern können.

Links: Der in Bauerngärten häufig anzutreffende Lavendel (*Lavandula angustifolia* 'Hidcote') wird im Spätsommer nach der Blüte gestutzt.

stock austreiben und sich vollständig mit Blättern bedecken. Es ist besser, das Beschneiden über zwei Jahre auszudehnen, als den ganzen Strauch in einem Jahr stark zurückzuschneiden. Im ersten Frühling schneiden Sie die Hälfte der Triebe kräftig zurück, im darauf folgenden Frühjahr den Rest. Falls der Strauch nach dem ersten Rückschnitt nicht genug Triebe entwickelt, schneiden Sie ihn im zweiten Frühjahr weniger stark zurück.

Große, ausgewachsene Sträucher wie die Aukube (*Aucuba japonica*) können verjüngt werden, indem alle Zweige im Frühjahr bis auf ca. 30 cm Entfernung vom Boden zurückgeschnitten werden. Ist der Strauch besonders groß und alt, schneiden Sie die Zweige in 60 bis 90 cm Höhe über dem Boden ab. In der Regel wird eine doppelt schneidende Hochleistungsastschere benötigt oder eine gekrümmte Säge.

Zu den immergrünen Sträuchern, die gut auf einen starken Rückschnitt reagieren, gehören Kirschlorbeer (*Prunus laurocerasus*), Portugiesischer Kirschlorbeer (*P. lusitanica*), Buchsbaum (*Buxus sempervirens*) und Duftstrauch (*Olearia* x *haastii*).

DAS VERPFLANZEN

Manchmal möchte man einen großen, immergrünen Strauch von einem Teil des Gartens in einen anderen verpflanzen. Wird der Strauch einfach ausgegraben und umgesetzt, ist es für die Wurzeln schwierig, ausreichend Feuchtigkeit zu absorbieren, um die Blätter in der Anfangsphase frisch zu halten. Deshalb sollten vor dem Ausgraben lange Triebe und Äste um die Hälfte oder zwei Drittel eingekürzt werden. Nach dem Verpflanzen empfiehlt es sich, die Blätter zu befeuchten und einen Schirm aufzustellen, um den Strauch vor starker Sonneneinstrahlung und kalten, austrocknenden Winden zu schützen.

In Regionen mit milden Wintern können Immergrüne im Herbst verpflanzt werden, aber in kalten Gegenden sollte man den Frühling vorziehen. Wässern Sie den Boden im Frühjahr und düngen Sie zeitig im Sommer.

DAS STUTZEN VON HEIDEKRAUT

Bewahren Sie die gepflegte Form von Heidekräutern wie *Calluna*, *Erica* und *Daboecia* ssp., indem Sie diese mit Handscheren stutzen. Benutzen Sie hierfür keine Baumscheren, da Sie damit keinen glatten, scharfen Umriss erzielen können. Schneiden Sie Besenheide (*Calluna*) und sommerblühende Erika im Frühjahr, indem Sie die welken Blüten leicht stutzen und eine wellenförmige Kontur schneiden. Achten Sie darauf, keine jungen Triebe abzuschneiden, da diese später im Sommer Blüten tragen.

Stutzen Sie winter- und frühlingsblühende Erika, sobald die Blüten welken, und bürsten Sie die Schnittabfälle etwas ab.

Kriechheide wird im Spätherbst nach der Blüte geschnitten. Schneiden Sie mit der Handschere leicht über die Spitzen, um alte Blütenstände zu entfernen. In kalten Gegenden warten Sie besser bis zum Frühjahr, damit die sich entwickelnden Jungtriebe nicht von Frost geschädigt werden.

Lavendel beschneiden

Lavendel (*Lavandula ssp.*) blüht vom Mitt- bis zum Spätsommer und wird geschnitten, indem die Pflanzen im Spätsommer leicht mit einer scharfen Handschere gestutzt werden. Schneiden Sie keine Jungtriebe ab, nur die alten Blüten. Bei einem dürren Pflanzenwuchs schneiden Sie im Spätfrühling die Triebe kräftig zurück. So wird die Bildung von Jungtrieben aus dem Wurzelstock angeregt. Lavendelhecken werden im Frühling in Form geschnitten (siehe Seiten 78–79)

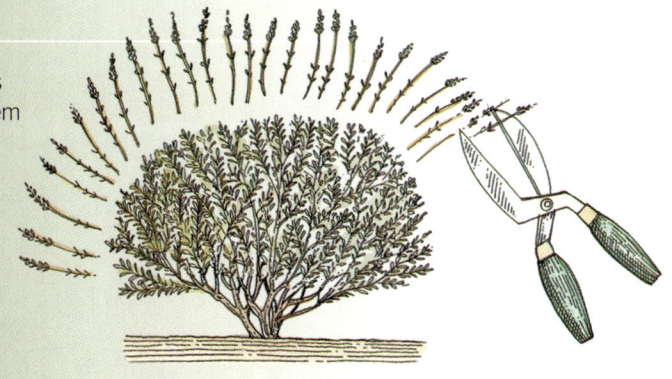

EMPFEHLENSWERTE PFLANZEN

Die nachfolgend aufgeführten Sträucher erfreuen das ganze Jahr über durch ihre Farben, Formen und Strukturen. Die meisten müssen nur wenig beschnitten werden. Man entfernt lediglich zu dichte Zweige und beschädigte oder abgestorbene Äste.

Abutilon (Schönmalve) umfasst eine Gattung von etwa 150 Arten. *A. megapotamicum* ist eine frostempfindliche Pflanze, manchmal halb immergrün. An einer warmen, sonnigen Wand wird sie bis zu 1,8 m hoch. Zur Frühlingsmitte schneiden Sie frostgeschädigte und dürre Triebe ab. Die gelben Blüten erscheinen im Sommer und Herbst. Schneiden Sie *A. vitifolium* wie *A. megapotamicum*.

Artemisia arborescens ist ein aufrecht wachsender Strauch mit kleinen, gelben Blüten. Im zeitigen Frühjahr werden erfrorene und zu dicht wachsende Triebe ausgeschnitten.

Aucuba japonica (Japanischer Lorbeer) wird, wenn sie zu sehr wuchert, im Frühjahr bis auf 60 cm über dem Boden zurückgeschnitten. Schneiden Sie im Frühjahr Zweige mit vom Frost geschwärzten und beschädigten Blättern.

Berberis ssp. (Berberitze) sollte bei zu dichtem Wuchs ausgedünnt werden: Schneiden Sie alte und dürre Zweige bis auf Bodenhöhe oder bis zu den gesunden Haupttrieben zurück. *B. darwinii* ist ein winterharter,

immergrüner Strauch aus Chile. Seine glänzenden, dunkelgrünen Blätter werden im Spätfrühjahr und Anfang Sommer von hängenden, gelben und orangefarbenen Blüten verdeckt. Diesen folgen dunkelblaue Beeren. Er wird ca. 2,4 m hoch. Schneiden Sie Laub abwerfende Berberitzen im Winter oder Anfang Frühling.

Calluna vulgaris (Besenheide) gibt es in unterschiedlichen Größen. Benutzen Sie eine Baumschere, um lange Triebe im zeitigen Frühjahr zurückzuschneiden, und entfernen Sie verwelkte Blüten mit der Gartenschere.

Camellia ssp. (Kamelie) und ihre Züchtungen werden wegen ihrer glänzenden Blätter und schönen Blüten angepflanzt. Kürzen Sie Mitte des Frühjahrs überlange Triebe, um schön geformte Büsche zu erhalten. Alte Pflanzen mit unbeblätterten Zweigen und bloßem Stock werden in der Mitte des Frühjahrs um ein Drittel bis zur Hälfte ihrer Höhe zurückgeschnitten, damit sie neue Triebe bilden.

Ceanothus (Säckelblume) umfasst immergrüne und Laub abwerfende Arten. Schneiden Sie die im Frühling blühenden, immergrünen Arten, die als Büsche gezogen wurden, nach der Blüte. Kürzen Sie die längsten Triebe, um eine gepflegte Form zu erhalten. Werden immergrüne Arten an einer Wand emporgezogen, schneiden Sie nach der Blüte die kräftigsten Seitentriebe auf 3 bis 5 cm Entfernung vom Haupttrieb zurück.

Choisya ternata (Mexikanische Orangenblume) ist gegen Frühlingsende und Sommeranfang, danach mit Unterbrechungen bis zum Herbst, über und über mit weißen, süßlich duftenden Blüten bedeckt. Die immergrünen, glänzenden, dunkelgrünen Blätter duften beim Zerreiben nach Orangen. In den meisten Gärten bevorzugt dieser etwas frostempfindliche Busch eine warme, windgeschützte Ecke und bildet eine etwa 1,5 m hohe Kuppel. Nach der ersten Blüte sollten dürre Triebe und im Frühjahr frostgeschädigte Triebe entfernt werden. Alte Büsche werden verjüngt, indem man sie Ende Frühling stark zurückschneidet, was aber den Verlust der Sommerblüte zur Folge hat.

Daboecia cantabrica (Kriechheide) benötigt kalkfreien Boden. Schneiden Sie im Spätherbst mit der Gartenschere die verwelkten Blüten ab, in kalten Gegenden schneiden Sie im Frühjahr.

Daphne ssp. (Seidelbast) wird im Frühjahr gelegentlich von dürren Zweigen befreit. *D. cneorum* (Rosmarinseidelbast) ist ein kriechender, immergrüner Strauch mit süßlich duftenden, rosaroten Blüten im Spätfrühling und Anfang Sommer. Er wird etwa 15 cm hoch und breitet sich ca. 90 cm aus.

Elaeagnus ssp. (Ölweide) wird im Frühling von fehlplatzierten und dürren Zweigen befreit. Entfernen Sie bei panaschierten Sträuchern alle grünen Triebe. *E. pungens* 'Goldrim' hat glänzende, dunkelgrüne Blätter. *E. pungens* 'Maculata' trägt ledrige, glänzend grüne Blätter mit goldenen Tupfen. Diese *Elaeagnus*-Sorten sind ideal, um Rabatten im Winter aufzuhellen, und vertragen volle Sonne oder leichten Schatten.

Erica (**Erika**) ist eine Gattung mit über 700 Arten. Schneiden Sie im Frühjahr mit der Gartenschere die welken Blüten von sommerblühenden Züchtungen ab, von winter- und frühlingsblühenden Arten nach der Blüte.

Escallonia **ssp.** wird nicht regelmäßig geschnitten, aber schneiden Sie hin und wieder im Frühling die Triebe nach der Blüte zurück.

Euonymus (**Spindelstrauch**) umfasst Laub abwerfende und immergrüne Arten. Erstere profitieren vom Auslichten und Einkürzen der Triebe im Spätwinter. Immergrüne Arten können im Frühjahr in Form geschnitten werden.

Fatsia japonica (**Zimmeraralie**) benötigt lediglich einen Formschnitt im Frühjahr.

Garrya elliptica (**Garrye**) wird, wenn man ihre reizvolle Buschform erhalten möchte, gelegentlich von ein paar störenden Zweigen befreit. Wird sie an einer Wand gezogen, schneiden Sie die langen Nebentriebe im Frühjahr zurück.

Gaultheria (syn. *Pernettya*) **ssp.** benötigt, wenn es sich um ein großes Exemplar handelt, im Frühjahr einen Rückschnitt. *G. mucronata* wird nicht regelmäßig geschnitten, aber alte, ausgewachsene Pflanzen können im Spätwinter oder zeitigen Frühjahr gestutzt werden, um den Neuaustrieb anzuregen.

Hebe **ssp.** (**Strauchveronika**) erfordert keinen regelmäßigen Rückschnitt, aber entfernen Sie im Spätfrühling frostgeschädigte und dürre Zweige und schneiden Sie im Frühling zu lang gewachsene Triebe zurück.

Helianthemum nummularium (**Gemeines Sonnenröschen**) kann halb immergrün sein. Kürzen Sie dürre Triebe ein und entfernen Sie alte Blütenstände nach der Blüte.

Rechts: Schneiden Sie im Frühling die frostgeschädigten Zweige des Rhododendrons zurück.

Ganz rechts: Die Kamelie, wie diese bezaubernde Sorte 'Gloire de Nantes', benötigt keinen regelmäßigen Schnitt.

Lavandula **ssp.** (**Lavendel**) sollte im Spätsommer gestutzt werden, um Verblühtes zu entfernen. Vernachlässigte und dürre Pflanzen werden im Frühjahr stark zurückgeschnitten, um den Austrieb aus dem Wurzelstock zu fördern.

Mahonia **ssp.** (**Mahonie**) wird nicht regelmäßig gekürzt, aber *M. aquifolium*, die als Bodendecker gezogen wird, kann jedes Frühjahr stark zurückgeschnitten werden.

Pieris **ssp.** (**Lavendelheide**) wird von abgestorbenen Blüten und dürren Trieben befreit. *P. japonica* 'Blush' sorgt für Frühlingsfarben im Garten, besonders auf feuchten und kalkfreien Böden. Der langsam wachsende Strauch erreicht eine Höhe von ca. 1,8 m und trägt zuerst rosafarbene Knospen und dann blasslila Blüten. *P. japonica* 'White Rim' (syn. 'Variegata') hat grüne Blätter mit cremefarbenen Rändern.

Pittosporum (**Klebsame**) ist eine Gattung mit über 200 Arten, deren lange, wuchernde Triebe Ende Frühling oder Anfang Sommer geschnitten werden müssen.

Pyracantha **ssp.** (**Feuerdorn**), als Rabattenstrauch gepflanzt, benötigt nur einen Formschnitt gegen Frühlingsende oder Sommeranfang, wobei die Blüten nicht abgeschnitten werden sollten. Wird er an einer Wand emporgezogen, kürzen Sie lange Triebe in der Mitte des Sommers ein,

aber nicht zu viele Triebe, die später Blüten tragen. Wuchern die Sträucher zu stark, schneiden Sie diese im Winter bis auf das alte Holz zurück, auch wenn dabei die diesjährige Blüte geopfert wird.

Rhododendron benötigt keinen regelmäßigen Rückschnitt außer dem Entfernen frostgeschädigter Zweige im Frühjahr. Vergeilte und große Pflanzen werden in der Frühjahrsmitte bis auf 30 cm über dem Boden gekürzt.

Rosmarinus officinalis (**Rosmarin**) ist ein Würzstrauch. Schneiden Sie abgestorbene Triebe im Frühjahr zurück und kürzen Sie die Spitzen langer, wuchernder Triebe. Zu dicht gewachsene Pflanzen werden in der Mitte des Frühjahres geschnitten.

Santolina chamaecyparissus (**Zypressenkraut**) trägt von Mitte bis Ende Sommer gelbe Blüten. Stutzen Sie abgestorbene Blütentriebe direkt nach der Blüte. Alte Pflanzen werden verjüngt, indem sie gegen Frühlingsende stark zurückgeschnitten werden.

Sarcococca **ssp.** (**Fleischbeere**) entwickelt blauschwarze Früchte. Werden die Sträucher zu dicht, schneiden Sie ein paar der alten Zweige nach der Blüte bis auf den Boden zurück.

Skimmia **ssp.** (**Skimmie**) wird im Frühling von langen, wuchernden Trieben befreit.

2 ROSEN

Rosen sind die Kulturpflanze schlechthin, und obwohl sie in der nördlichen Hemisphäre heimisch sind, werden sie heutzutage in der ganzen Welt angepflanzt. Das Spektrum an Rosenarten und -züchtungen ist riesig. Zum Teil entstanden sie durch natürliche Kreuzungen von Wildrosenarten, aber auch durch die jahrelange Arbeit von Züchtern und Rosenliebhabern.

Wie viele andere verholzende, langlebige Gartenpflanzen gehören Rosen zu den echten Sträuchern. Um jedes Jahr die Blütenpracht genießen zu können, ist regelmäßiges Schneiden unentbehrlich. So entsteht nicht nur ein herrlicher Blütenflor – auch die Langlebigkeit des Strauches wird gesichert, vor allem, wenn er auf nährstoffarmem Boden gepflanzt wurde. Die Qualität und die Größe der Blüten kann außerdem durch die Schnittstärke beeinflusst werden. Die Schnitttechnik, die bei Teehybriden (auch als großblütige Rosen bekannt) zum Einsatz kommt, unterscheidet sich wesentlich von der bei Kletterrosen oder Heckenrosen verwendeten.

Leider ist der Rosenschnitt für viele ein Buch mit sieben Siegeln und hält so manchen Gärtner davon ab, Rosen zu pflanzen. Dennoch gehören diese blühfreudigen Sträucher zu den tole-

rantesten Pflanzen, auch bei schlecht ausgeführtem Schnitt. Wird eine Teehybride zu stark zurückgeschnitten, entwickeln sich nur wenige Zweige, die aber große Blüten tragen. Im Gegensatz dazu erscheinen viele kleine Blüten, wenn die Rose nur leicht zurückgeschnitten wird.

Manche Rosen bilden Büsche, während andere den Boden bedecken, Bäume erklimmen oder an Wänden, Pergolen oder Spalieren emporranken. Werden die Spitzen großer Wurzelstöcke okuliert, können Hochstammrosen entstehen. Manche Rosen blühen direkt an den aus dem Wurzelstock austreibenden Zweigen, andere entwickeln wiederum Blüten an Jungtrieben, die aus dem bereits bestehenden Grundgerüst austreiben. Jede dieser Rosen muss anders behandelt werden, um mehrfaches Blühen zu fördern.

Das Schneiden der Teehybridenbüsche (großblütige Rosen)

Links: *Rosa* 'Félicité Perpétué' umrankt mit ihrer üppigen Blütenpracht eine Pergola.
Oben: Rosen sind leichter zu beschneiden, als viele Gärtner glauben. Hier liefert *Rosa* 'Chinatown' ein wunderschönes Schauspiel.

und der Floribunda-Rosen (in Büscheln blühende Rosen) hat für viele Rosenliebhaber einen Kultstatus erlangt, der Anfänger oft zurückschrecken lässt. Nichtsdestotrotz glauben wir, dass Rosen unverwüstlicher und anspruchsloser sind, als viele Anbauer glauben. In diesem Buch werden alle gängigen Schnitttechniken beschrieben, aber es soll auch erwähnt werden, dass in jüngsten Versuchen nur die Spitzen mit der Gartenschere gestutzt wurden. Die nachfolgende Blüte war gut, aber die Langzeitauswirkungen auf die Büsche sind noch unbekannt.

Links: Wird eine Teehybride wie diese 'Ena Harkness' zu stark zurückgeschnitten, wird sie nur ein paar Zweige austreiben, die aber besonders große Blüten tragen.
Rechts: Ausgeformte Rosenbüsche werden am besten im zeitigen Frühjahr geschnitten.

REGELMÄSSIGE PFLEGE

Jeder Rosenliebhaber hat seine eigene Meinung über den besten Schnittzeitpunkt, aber es herrscht Übereinstimmung darin, dass sowohl ausgeformte Büsche als auch im Herbst und Winter gepflanzte Rosen am besten im zeitigen Frühjahr geschnitten werden. Also zu Beginn der Wachstumsperiode, bevor die ersten Blätter erscheinen. Büsche, die im Frühjahr gepflanzt wurden, sollten sofort nach dem Pflanzen geschnitten werden. Damit sie nicht von Winterstürmen durchgerüttelt und ihre Wurzeln im Boden gelockert werden, sollten Sie lange Zweige zu Beginn des Winters kürzen. Falls Triebe von einer Krankheit befallen sind, werden sie verbrannt.

Der korrekte Schnitt

Früher wurden alle Rosenschnitte individuell und mit scharfen Gartenscheren ausgeführt. Obwohl heute auch mit Heckenscheren experimentiert wird, empfiehlt sich derzeit noch die Verwendung von Gartenscheren. Lassen Sie keine kurzen Stümpfe am Wurzelstock stehen, da sie unansehnlich wirken und Krankheitserreger anziehen. Die Gartenschere sollte lang genug sein, damit man den Zweig sauber abknipsen kann. Schneiden Sie etwas schräg und etwa 6 mm über einer nach außen weisenden, gesunden Knospe.

Der falsche Schnitt

Nicht zur Nachahmung empfohlen: Der linke Schnitt sitzt zu hoch über der Knospe, sodass der Trieb absterben kann. Der Schnitt in der Mitte ıst das Ergebnis stumpfer oder zu kurzer Scheren. Der Schnitt rechts sitzt zu dicht an der Knospe, der dann die Stütze fehlt.

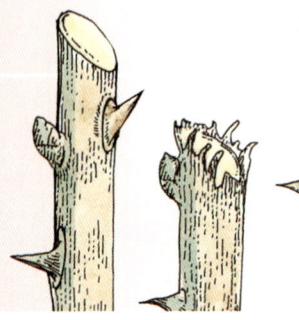
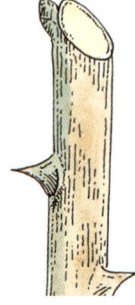

RICHTIG SCHNEIDEN

Es gehört zur Technik des Rosenschnitts, sauber und kurz über einer nach außen weisenden Knospe zu schneiden. Dies erreicht man, indem man scharfe Gartenscheren benutzt, die groß genug sind, um diese Arbeit zu bewältigen. Verwenden Sie nie kleine Scheren, da diese schnell abnutzen und zerfranste und raue Oberflächen schaffen, die nur langsam heilen. Tragen Sie robuste Handschuhe, um Ihre Hände zu schützen.

Für Linkshänder gibt es spezielle Modelle, die das Schneiden wesentlich erleichtern. Außerdem erlauben sie dem linkshändigen Gärtner, den Schnitt besser zu sehen als bei Modellen für Rechtshänder.

Schnitte, die breiter als 12 mm sind, sollten mit einem pilztötenden Wundverschlussmittel gestrichen werden, um dem Eindringen von Krankheitserregern vorzubeugen und vor Feuchtigkeit und Frost zu schützen.

Links: Das Beschneiden von Floribunda-Rosen wie *Rosa* 'Elizabeth of Glamis' ist nicht besonders schwierig, wenn Sie Schritt für Schritt vorgehen.

BUSCHROSEN

Der Schnitt von Teehybriden (groß-blütige Rosen) und Floribunda-Rosen (mehrblütige Rosen) wird oft unnötig mystifiziert. Dabei ist es gar nicht so schwer, wenn man die Besonderheiten dieser Rosenarten berücksichtigt. Beide sind Laub abwerfende Sträucher, die ihre schönsten Blüten an den ersten Jungtrieben des Jahres hervorbringen. Die Größe und Anzahl der jährlich produzierten Jungtriebe hängt von der Schnitt-stärke ab. Die Schnitttechnik wird unter anderem vom Bodentyp beeinflusst, weiterhin von der Frage, ob Schnittblumen ge-wünscht werden und wie alt die Pflanze ist. Dies erscheint auf den ersten Blick kompliziert, aber wenn Sie Schritt für Schritt vor-gehen, ist das Verfahren relativ einfach. Normalerweise hat man nach ein paar Jahren ein Gefühl dafür entwickelt, welche Schnitt-stärke die Rosen im eigenen Garten benötigen.

1 **2** **3**

DER VORBEREITUNGS-SCHNITT

Bei Teehybriden und Floribunda-Rosen sind die ersten Arbeits-schritte gleich.

1 Schneiden Sie totes Holz direkt an der Strauchbasis ab. Entfernen Sie außerdem vom Wind beschädigte und kranke Triebe. Ist die Schnittoberfläche braun verfärbt, ist der Zweig infiziert und muss bis zum wei-ßen Holz abgeschnitten werden. Lassen Sie keine beschädigten Triebe stehen.

2 Schneiden Sie dünne, schwa-che und vergeilte Triebe bis auf den Boden ab. Der Strauch sollte locker aufgebaut sein, sodass die Luft zirkulieren kann. Unter diesen Voraussetzungen kann das Holz reifen und Krank-heitserregern widerstehen.

3 Die verbleibenden Triebe soll-ten kräftig und gesund sein und ausreichenden Zwischenraum aufweisen. Die Schnittstärke hängt in diesem letzten Stadium von verschiedenen Faktoren ab: dem Pflanzzeitpunkt, dem Bodentyp und davon, ob es sich um eine Teehybride oder eine Floribunda-Rose handelt. Dem-entsprechend wählt man einen starken, mäßigen oder leichten Rückschnitt (siehe rechts).

STARKER RÜCKSCHNITT

Beim starken Rückschnitt werden die Zweige bis auf drei oder vier Augen über dem Boden abgeschnitten. Die Zweige bleiben etwa 13 bis 15 cm lang. Diese Technik eignet sich vor allem für frisch gepflanzte Teehybriden und Floribunda-Rosen, da ein kräftiger Austrieb aus dem Stock gefördert wird. Für bereits ausgewachsene Buschrosen ist sie weniger geeignet. Eine Ausnahme bilden kümmerlich wachsende Teehybriden und ein Verjüngungsschnitt bei vernachlässigten Teehybriden (nicht aber bei bereits ausgeformten Floribunda-Rosen).

MÄSSIGER RÜCKSCHNITT

Beim mäßigen Schnitt werden die Zweige etwa um die Hälfte ihrer Länge eingekürzt, schwache Triebe etwas mehr. Diese Technik ist ideal für die meisten Teehybriden und Floribunda-Rosen, besonders für diejenigen, die in gewöhnlicher Gartenerde wachsen. Falls Teehybriden nach ein paar Jahren zu hoch und dürr werden, schneiden Sie diese einmal stark zurück.

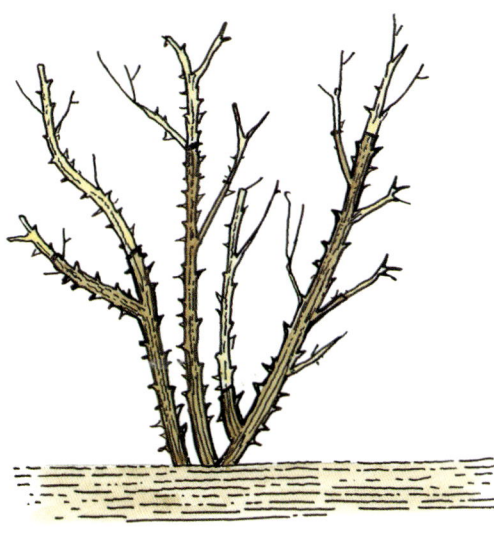

SCHWACHER RÜCKSCHNITT

Beim schwachen Schnitt wird das oberste Drittel aller Triebe entfernt. Diese Technik wird häufig bei stark wuchernden Teehybriden verwendet, um das weitere Wachstum kräftiger Triebe einzudämmen und die Größe der Pflanze zu begrenzen. Sie ist ideal für alle Buschrosen, die auf sandigen Böden mit geringer Fruchtbarkeit wachsen und denen für das üppige Wachstum, das durch harten Rückschnitt angeregt wird, keine ausreichenden Nährstoffe geliefert werden.

Links: Eine Hecke aus der Apothekerrose *(Rosa gallica* var. *officinalis)* ist eine besondere Attraktion im sommerlichen Garten.

ALTE ROSEN UND STRAUCHROSEN

Alte Rosen und Strauchrosen erregen mehr und mehr das Interesse der Rosenspezialisten, aber auch der Gartenneulinge. Diese Rosen besitzen im Vergleich zu den modernen Arten wie Teehybriden und Floribunda-Rosen ein eher natürliches Erscheinungsbild und eignen sich in idealer Weise für eine Anpflanzung im Untergehölz oder in bunten Rabatten, wo ein ungezwungenes Bild erwünscht ist. Viele Arten finden sich hier, die in der nördlichen Hemisphäre heimisch sind – also in Europa, Nordamerika und Asien –, aber auch gezüchtete Kreuzungen.

Da viele dieser Rosenarten über Jahrtausende ohne gärtnerischen Einfluss entstanden sind, wird häufig empfohlen, sie in Ruhe zu lassen, damit sie sich ihrer natürlichen Wuchsform gemäß entwickeln können. Dies gilt bestimmt für manche unter ihnen, aber sicher nicht für alle. Durch vorsichtiges Beschneiden kann man zu dichtes Wachstum vermeiden und den Rosen zu einem längeren und blütenreicheren Leben verhelfen.

Man könnte annehmen, dass alle alten Rosen und Strauchrosen einem ähnlichen Typ angehören und ähnliche Schnitttechniken erfordern – doch dies entspricht leider nicht den Tatsachen. Trotzdem kann man sie der Einfachheit halber in drei Gruppen unterteilen, entsprechend denen sie geschnitten werden, auch wenn einige Arten nicht in diese Klassifizierung passen.

Rosen der Gruppe 1

Zu dieser Gruppe gehören:
- Gartenrosen (aber keine Kletterrosen) und verwandte Hybriden
- Rugosa-Rosen (Kartoffelrose) und ihre Hybriden
- Bibernell-Rose *(R. pimpinellifolia)* und ihre Hybriden
- Apothekerrose *(R. gallica* var. *officinalis)*
- Hybriden der Moschus-Rose

ROSEN DER GRUPPE 1

Beim Pflanzen dieser Rosen schneiden Sie alle groben und schwachen Wurzeln ab. Weiterhin werden verletzte und unreife Triebe gekürzt. Schneiden Sie im ersten und zweiten Winter ein paar alte Triebe aus.

1 Im Spätwinter oder zeitigen Frühjahr des zweiten Jahres schneiden Sie alle Triebe aus, die dem Stock entspringen und schlecht platziert sind. Die Spitzen stark wuchernder Triebe kürzen.

2 Im folgenden Sommer blüht die Pflanze an Trieben, die aus altem Holz stammen. Zur gleichen Zeit entwickeln sich kräftige, neue Triebe direkt aus dem Wurzelstock.

3 Früh im Herbst desselben Jahres schneiden Sie nach der Blüte sowohl dünne und schwache als auch beschädigte und kranke Äste aus. Außerdem schneiden Sie alle Triebspitzen ab.

4 In den folgenden Jahren ist regelmäßiges Schneiden erforderlich. Schneiden Sie im Spätwinter oder zeitigen Frühjahr Seitentriebe sowie ein oder zwei alte Triebe an der Basis ab.

5 Im Mitt- und Spätsommer desselben Jahres blüht der Strauch an den Seitentrieben, die sich aus den alten Zweige entwickelt haben. Im gleichen Sommer treiben Jungtriebe aus der Stockbasis.

6 Im zeitigen Herbst schneiden Sie die Triebspitzen zurück, um die Bildung von Seitentrieben anzuregen, die im Folgejahr Blüten tragen. Schneiden Sie dünne, schwache und alte Triebe aus.

ROSEN DER GRUPPE 2

Beim Pflanzen von Rosen dieser Gruppe schneiden Sie beschädigte und schwache Wurzeln ab und kürzen die Spitzen kranker und dünner Zweige ein.

2 Von Sommermitte bis -ende des zweiten Jahres erscheinen die Blüten an Seitentrieben, die vorher zurückgeschnitten wurden. In diesem Zeitraum treiben neue Zweige aus dem Wurzelstock aus. Schneiden Sie die Blüten, sobald sie welken, ab.

1 Im Spätwinter oder zeitigen Frühjahr des zweiten Jahres schneiden Sie etwa ein Drittel der Triebe aus dem Wurzelstock zurück. Zusätzlich werden alle Seitensprossen, die aus Blühzweigen stammen, auf zwei bis drei Augen zurückgeschnitten.

3 Etwas später im zweiten Jahr, von Anfang bis Ende Herbst, schneiden Sie überlange Zweige zurück. Auf diese Weise verringert man die Gefahr, dass der Strauch durch Wind beschädigt wird oder die Wurzeln gelockert werden.

Rosen der Gruppe 2

Zu dieser Gruppe gehören Rosen, die hauptsächlich an kurzen Seitenzweigen erster und zweiter Ordnung (aus zweijährigem und älterem Holz) blühen:
- *Rosa* x *alba* und ihre Hybriden
- *R. centifolia* und ihre Hybriden
- Moosrosen
- Die meisten Damaszener-Rosen
- Moderne Strauchrosen mit einer Hauptblüte im Mittsommer

4 Im Spätwinter und zeitigen Frühjahr der folgenden Jahre schneiden Sie neue Triebe, die sich aus dem Stock entwickeln, um ein Drittel, Seitentriebe der Blühzweige auf zwei bis drei Augen und alte Zweige an der Basis zurück.

Rechts: Richten Sie sich nach den Schnittanweisungen für Rosen der Gruppe 2, um *Rosa* 'Centifolia Variegata' zu schneiden.

5 Im Sommer desselben Jahres blüht der Strauch an vorher beschnittenen Seitenzweigen. Dieser Kreislauf (Jungtriebe, die jedes Jahr nachwachsen und Blüten tragende Seitenzweige hervorbringen) wiederholt sich Jahr für Jahr.

6 Später im Jahr, von Anfang bis Ende Herbst, schneiden Sie die Enden der überlangen Zweige ab. So wird der Strauchumfang verringert und der Wurzelstock geschützt, wenn in der folgenden kalten Jahreszeit starker Wind herrscht.

Rosen der Gruppe 3

Zu den alten Rosen und Strauchrosen in dieser Gruppe gehören die meisten China- und Bourbon-Rosen und viele moderne Straucharten. Obwohl sie den Rosen der Gruppe 2 ähneln, unterscheiden sie sich darin, dass sie den Sommer über und bis in den Herbst hinein wiederholt blühen, und zwar sowohl an den diesjährigen Trieben als auch an Seiten- und Nebenzweigen des zweijährigen und älteren Holzes. Da viele Blüten an den Seiten-zweigen des alten Holzes erscheinen, werden diese Pflanzen schnell zu dicht, sobald das Schneiden vernachlässigt wird. Deshalb sollten Sie verwelkte Blüten regelmäßig entfernen und stark verzweigtes Geäst im Sommer ausdünnen. Zusätzlich sollte der Austrieb junger Triebe aus dem Stock angeregt werden, indem die alten Zweige im Winter ausgeschnitten werden. Gleichzeitig entfernen Sie alle kranken Triebe.

Links: *Rosa pimpinellifolia* 'Dunwich Rose' trägt große, weiße Blüten, die einen erfrischenden Kontrast zu ihren Blättern bilden.

Alte Rosen und Strauchrosen: Gruppe 1

Zu den Rosen dieser Schnittgruppe (siehe Seite 34–35) gehören die Bibernell-Rose, Moschus-Hybriden, *Rosa rugosa* und *Rosa gallica*. Diese Rosen sind von dichtem, buschigem Wuchs und blühen meistens an Seitentrieben erster und zweiter Ordnung, die zweijährigem und älterem Holz entstammen.

BIBERNELL-ROSEN

Die Bibernell-Rose, *Rosa pimpinellifolia* (syn. *R. spinosissima*), wird auch Schottische Zaunrose genannt, da viele ihrer Züchtungen und Sorten schon zu Beginn des 19. Jahrhunderts von schottischen Gärtnern gezüchtet wurden und einige Berühmtheit erlangten. *R. pimpinellifolia* wird selten größer als 1,2 m, bildet Ausläufer und ein Dickicht aufrechter, schlanker Zweige, die im späten Frühjahr und zeitigen Sommer kleine, cremefarbene oder blassrosa Blüten tragen.

Beliebt ist *R. pimpinellifolia* 'Grandiflora' (syn. *R. p.* 'Altaica'), die große, einfache, weiße Blüten besitzt. Die gefüllte weiße Sorte, die 60 bis 90 cm groß wird, hat eine anmutige Erscheinung und duftet nach Maiglöckchen. *R. pimpinellifolia* 'William III' trägt halb gefüllte Blüten, die sich, sobald sie welken, von Violettkarmesinrot zu Rosafliederfarben verfärben.

R. x harisonii 'Williams' Double Yellow' ist etwas größer als ihre Art und soll mit der Fuchsrose (*R. foetida*) verwandt sein. Sie trägt gefüllte, stark duftende, sattgelbe Blüten. In früheren Katalogen wurde sie als 'Double Yellow' geführt. *R. x harisonii* ist eine einfache, gelbe Rose, zu deren Vorfahren die Fuchs- und die Bibernell-Rose gehören.

MOSCHUS-HYBRIDEN

Diese graziösen Rosen haben entzückend gefärbte Blüten, die in großen Blütentrauben getragen werden. Zu den Sorten

dieser Gruppe zählen: 'Ballerina', die Hortensien ähnelnde, einfache, rosige Blütenköpfe hervorbringt; 'Buff Beauty', die etwa 1,5 m hoch und breit wird, und wegen ihres robusten Wuchses, ihrer hübschen Blätter und ihrer großen Trauben voll von gelblich-aprikosenfarbenen Blüten bekannt ist; 'Cornelia', die rosetten-förmige, kupferaprikosenfarbene Blüten trägt, die sich in der Welke zu einem rosigen Kupfer verfärben; 'Felicia', eine kräftig wachsende Rose mit silbrigrosa Blüten, deren Färbung sich zur Mitte hin vertieft; und 'Prosperity' mit duftenden, elfenbeinfarbenen, halb gefüllten Blüten.

RUGOSA-ROSEN

Rosa rugosa wird auch Kartoffelrose genannt. Es gibt sie in vielen winterharten, wuchsfreudigen und leuchtend gefärbten Sorten. Sie alle sind vorzüglich, aber besondere Beachtung verdienen: 'Agnes', die duftende, sattgelbe und bernsteinfarbene Blüten trägt; 'Blanche Double de Coubert' mit rein weißen, halb gefüllten Blüten; 'Fru Dagmar Hastrup', die einfache, rosafarbene Blüten (geädert mit cremefarbenen Staubblättern) zeigt; 'Lady Curzon' mit einfachen, rosa Blüten; 'Mrs Anthony Waterer', die stark duftende, karmesinrote Blüten besitzt; 'Roseraie de l'Haÿ', eine dicht, stark und bis zu 1,8 bis 2,1 m hoch wachsende Pflanze, die große, weinrote Knospen und stark duftende, violettkarmesinrote Blüten trägt; 'Sarah van Fleet' mit halb gefüllten, rosamalvenfarbenen Blüten mit cremefarbenen Staubgefäßen; 'Scabrosa', die große, einfache, karmesinrote, lila überhauchte Blüten trägt; und die neue Sorte 'Snowdon' mit gefüllten, rein weißen Blüten.

GALLICA-ROSEN

R. gallica var. *officinalis*, auch als Provencerose, Apothekerrose oder Samtrose bekannt, ist ein Ausläufer treibender Busch mit aufrechten, dornigen Zweigen, von dem viele Züchtungen abstammen. Zu den bekanntesten Sorten gehören: 'Belle de Crécy', die rosarote Blüten trägt, die sich langsam zu einem pastelligen Lila verfärben; 'Camaïeux' mit weißen, karmesinrot gestreiften und gefleckten Blüten; 'Charles de Mills', eine frohwüchsige, etwa 1,5 m hohe und 1,2 m breite Rose mit großen, reich mit Staubblättern besetzten, karmesinroten Blüten, die mit dem Alter eine violette Tönung annehmen; *R.* x *francofurtana* (syn. 'Empress Josephine') mit großen, leuchtend rosa Blüten, die dunkelrosa geädert sind; und 'Tuscany Superb' mit tiefkarmesinroten Blüten, die zu einem hellen Violett verblassen.

Oben: Die karmesinroten Blüten der Gallica-Rose 'Tuscuny Superb' verblassen zu einem hellen Violett.
Unten: 'Buff Beauty' wird wegen ihrer aprikosenfarbenen Blüten und ihrer robusten Wuchsform geschätzt.

Alte Rosen und Strauchrosen: Gruppe 2

Die Rosen der Schnittgruppe 2 (siehe Seite 36–37) umfassen einige alte Rosen und moderne Strauchrosenarten, die nicht mehrfach blühen, sondern zur Sommermitte eine Hauptblüte haben.

ALTE ROSEN

Zu dieser Gruppe gehören die Albarosen wie z. B.: 'Alba Maxima' (auch Jakobiterrose genannt) mit gefüllten, cremefarbenen Blüten, die zuerst rosa erscheinen; 'Cé-leste' mit halb gefüllten, süßlich duftenden und muschelfarbenen Blüten; 'Félicité Parmentier' mit leicht kugelig geformten Blüten von einem frischen Rosa und cremefarbenen Rändern; und

'Königin von Dänemark' (syn. 'Queen of Denmark'), die stark duftende, große, pastellige rosa Blüten und attraktive, graugrüne Blätter trägt.

CENTIFOLIA-ROSEN

Aufgrund ihrer großen, kugel-förmigen, duftenden Blüten auch unter dem Namen Provence- oder Kohlrose bekannt, schließen die Centifolia-Rosen folgende Arten ein: *R. x centifolia* 'Cristata' (syn. 'Chapeau de Napoléon') mit kräftig duftenden, rein rosa Blüten; 'Fantin-Latour' mit tassen-förmigen, rosa Blüten, die sich zur Mitte hin muschelfarben vertiefen und sich beim Öffnen aufrollen; 'Robert le Diable',

die violett schattierte, schiefer-graue Blüten mit karmesin- und kirschroten Tupfen besitzt; und 'Tour de Malakoff' mit großen, offenen Blüten, die zuerst violett-magentafarbig, dann lila und schließlich lavendelfarben und grau erscheinen.

MOOSROSEN

Die in Viktorianischer Zeit sehr beliebten Moosrosen sind mit den Centifolia-Rosen nahe ver-wandt, weisen aber an ihren Se-palen, den Kelchblättern, einen moosartigen Überzug auf. Fol-gende Züchtungen sind heute neben anderen auf dem Markt: 'Comtesse de Murinais', die rosa Blüten mit dichten Kronblättern

hervorbringt, deren Färbung sich zu Lachsrosa vertieft; 'Général Kléber' mit großen, flachen, malvenfarbenen Blüten; 'Gloire des Mousseuses' mit duftenden, rein rosa Blüten; 'Louis Gimard', die große, kugelförmige, hell karmesinrote Blüten mit fliederfarbenen Tönen zeigt; 'René d'Anjou' mit duftenden hellrosa Blüten; und 'William Lobb' (syn. 'Duchesse d'Istrie') mit dunkelkarmesinroten, stark duftenden Blüten, die graulila verblassen.

DAMASZENER-ROSEN

Es wird erzählt, dass die Damaszener-Rose von Kreuzfahrern aus dem Mittleren Osten eingeführt wurde. Fast alle Sorten duften. Nennenswerte Züchtungen sind: 'Celsiana' mit halb gefüllten, hellrosa Blüten und goldenen Staubgefäßen; 'La Ville de Bruxelles' mit gefüllten, tiefrosa, stark duftenden Blüten; 'Madame Hardy', die eine ausgezeichnete Rose darstellt mit ihren anfangs tassenförmigen, weißen Blüten; und 'Marie Louise' mit sehr großen, intensiv rosafarbenen Blüten.

MODERNE STRAUCHROSEN

Moderne Strauchrosen blühen nur einmal, und zwar zur Sommermitte. Zu den empfehlenswerten Züchtungen gehören: 'Cerise Bouquet' mit halb gefüllten, kirschrotrosa Blüten; 'Frühlingsgold' mit blassgelben Blüten; 'Frühlingsmorgen' mit rosa Blüten; und 'Scharlachglut' (syn. 'Scarlet Fire') mit scharlachroten Blüten.

Links: An den zahlreichen, duftenden, violettrosa Blüten der *Rosa* 'Madame Isaac Pereire' hat man den ganzen Sommer seine Freude.

Rechts oben: 'Reine des Violettes' ist eine ausladende, mehrfach blühende Hybride mit grau getönten Blättern und duftenden Blüten in lila und violetten Schattierungen.

Rechts unten: Die beeindruckenden Blüten von *Rosa* x *odorata* 'Mutabilis' wechseln von Kupfergelb zu Rosa und schließlich zu Kupferkarmesinrot.

Alte Rosen und Strauchrosen: Gruppe 3

Zu den Rosen dieser Schnittgruppe (siehe Seite 37) gehören die meisten Chinarosen, einige moderne Strauchrosen, viele Bourbon-Rosen und die meisten ausdauernden Hybriden. Sie tragen ihre Blüten an Seitenzweigen erster und zweiter Ordnung.

CHINAROSEN

Chinarosen sind in der Regel etwas frostempfindlich und werden am besten an frostfreie Stellen gepflanzt. Zu dieser Gruppe gehören: 'Hermosa', die duftende, kugelförmige, kleine rosa Blüten trägt; *R.* x *odorata* 'Mutabilis' mit spitzen, flammend roten Knospen, die beim Öffnen kupfergelbe, einfache Blüten enthüllen, die sich rosa und letztendlich kupferkarmesinrot verfärben; *R.* x *odo-*

rata 'Pallida', die fast den ganzen Sommer bis weit in den Herbst hinein graziöse, blassrosa Blütenbüschel zeigt; und 'Sophie's Perpetual', die Blütenzweige voll von kleinen, tiefrosa Blüten trägt.

BOURBON-ROSEN

Diese Rosenart entstand aus einer Kreuzung zwischen China- und Portland-Rosen und duftet in der Regel stark. Zu den Züchtungen dieser Gruppe gehören: 'Madame Isaac Pereire', eine starkwüchsige Rose mit großen, karmesinroten Blüten und intensivem Duft; 'Zéphirine Drouhin', eine Bourbon-Kletterrose mit einer wunderbaren Duftnote, dornlosen Trieben und leuchtend rosakarminroten, halb gefüllten Blüten; und 'Madame Ernest

Calvat', die gefüllte, blass- bis mittelrosa, duftende Blüten trägt.

MEHRFACHBLÜHENDE HYBRIDEN

Diese widerstandsfähigen, im letzten Jahrhundert in England sehr beliebten Rosen können der Schnittgruppe 3 zugeordnet werden. Hierzu gehören beispielsweise: 'Baron Girod de l'Ain' mit dunkelkarmesinroten Blüten, die zuerst becherförmig sind, sich aber später weit öffnen; 'Baronne Prévost' mit rosa Blüten; 'Gloire de Ducher', die große, tiefkarmesinrote, duftende Blüten trägt, die sich langsam violett färben; und 'Reine des Violettes' mit Blüten in lila und violetten Schattierungen und gräulichen Blättern.

Links: Hochstammrosen wie diese *Rosa* 'Bonica' lenken den Blick des Betrachters in die Höhe.

das andere, schneidet man die schwächere Seite stärker zurück und der Makel ist behoben.

Wurde nur ein Auge verwendet (solche Pflanzen sollten gar nicht erst gekauft werden), schneidet man den sich daraus entwickelnden Trieb anfangs auf drei bis vier Augen zurück, damit ein kräftiger Rahmen aus gleichmäßig voneinander entfernten Zweigen entsteht. Andernfalls wird die Krone nie ansehnlich und ausgeglichen wirken. Unausgewogene Kronen werden zudem leichter durch Wind beschädigt.

HOCHSTAMMROSEN

Hochstammrosen leisten in Gärten nützliche Dienste: Sie können den Mittelpunkt und Blickfang einer Bepflanzung bilden oder in Rabatten zwischen Büsche gepflanzt werden. Für klar strukturierte Anlagen sind sie besonders gut geeignet.

Sie werden gezogen, indem Teehybriden (großblütige Buschrosen) und Floribunda-Rosen (mehrblütige Buschrosen) auf den Spitzen von Wurzelstöcken, die kräftige, aufrechte Stämme bilden, veredelt werden. Hochstämme können 1,2 bis 1,5 m hoch werden; Halbstämme etwa 90 cm hoch. Letztere sind heute nicht mehr so beliebt wie früher. Die meisten Hochstämme werden aus Teehybriden und Floribunda-Rosen gezogen, manchmal auch aus Englischen Rosen und Strauchrosen. Alle diese Rosen benötigen kräftige Stützen und Stricke, damit sich der Stamm nicht unter der Last der Blüten und Blätter biegt. Dies gilt besonders für windige Lagen, bei nassem Blattwerk oder voller Blüte.

EIN ODER ZWEI AUGEN?

Bei den besten und pflegeleichtesten Hochstämmen werden zwei Augen in die Spitze des Wurzelstocks eingesetzt. So kann man sicher sein, dass die Krone des Bäumchens von allen Seiten gleichmäßig geformt ist. Entwickelt sich ein Auge schneller als

PATIO-ROSEN UND MINIATURSTAMM-ROSEN

Diese Rosen erfreuen sich zunehmender Beliebtheit und eignen sich hervorragend als Kübelpflanzen. Die Stämme der Patio-Rosen werden etwa 75 cm hoch und bilden dichte, runde Kronen, die fast den ganzen Sommer über bis in den Herbst hinein über und über mit Blüten bedeckt sind. Zu den empfehlenswerten Sorten gehören 'Cider Cup' (pfirsichfarben), 'Red Rascal' (rot) und 'Sweet Magic' (orange). Die Stämme der Miniaturstammrosen werden nur etwa 50 cm hoch. Empfehlenswert sind 'Orange Sunblaze' (scharlachrot), 'Pink Sunblaze' (rosa) und 'Top Marks' (leuchtend orangerot).

HOCHSTAMMROSEN SCHNEIDEN

1 Nach dem Pflanzen (Winterende/zeitiges Frühjahr) kürzen Sie bei Teehybriden die kräftigen Triebe bis auf drei oder vier Augen Entfernung von der Basis (Floribunda-Rosen: sechs bis acht).

2 Im darauf folgenden Herbst oder zum Winteranfang schneiden Sie die Blütenstände ab und entfernen weiche, unreife und dünne Triebe, damit die Krone Winterstürmen besser standhalten kann.

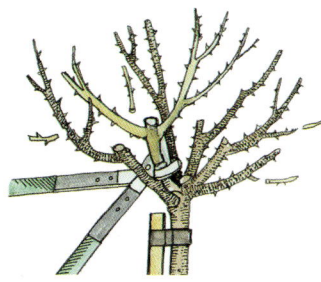

3 Gegen Winterende oder Frühlingsanfang des darauf folgenden Jahres werden abgestorbene, schwache, kranke und quer wachsende Triebe ausgeschnitten.

4 Schneiden Sie die jungen Triebe der Teehybriden auf drei bis fünf Augen (Floribunda-Rosen: sechs bis acht) zurück, Seitentriebe auf zwei bis vier (Floribunda-Rosen: drei bis sechs).

Kaskaden-Rosen

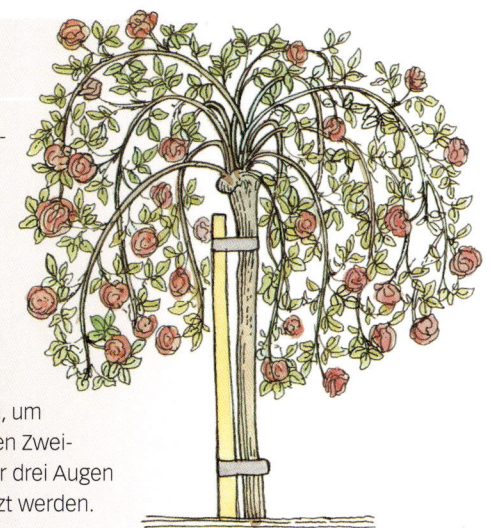

Kaskaden-Rosen mit ihren bogenförmig überhängenden Zweigen sind eine beliebte Variante der Hochstammrose. Man erhält sie in erster Linie durch das Veredeln von Rambler-Rosen auf 1,2 bis 1,8 m hohe Stämme der *Rosa rugosa*.

Der Schnitt ist relativ einfach: Im Spätsommer oder zeitigen Herbst schneiden Sie zweijährige, abgeblühte Zweige vollständig aus. So bleiben junge Triebe zurück, die sich zeitiger im Sommer entwickelt haben und im Folgejahr Blüten tragen können.

Ist keine ausreichende Menge an Jungtrieben vorhanden, um die alten zu ersetzen, belassen Sie zwei oder drei dieser alten Zweige und schneiden stattdessen die Seitentriebe auf zwei oder drei Augen zurück. Der Hauptstamm sollte mit einem Pflanzstab gestützt werden.

Links: 'New Dawn' ist eine frohwüchsige, winterharte Rose und bestens für die Bepflanzung von Säulen geeignet.

SÄULENROSEN

Wenn man im Garten keine Möglichkeit hat, Kletterrosen an Mauern oder Zäunen emporklettern zu lassen, kann man sie stattdessen an Pfählen hochziehen und so farbenfrohe Akzente setzen. Geeignete Sorten besitzen eine aufrechte Wuchsform mit bis zu 3 m hohen Stämmen.

SÄULENROSEN SCHNEIDEN

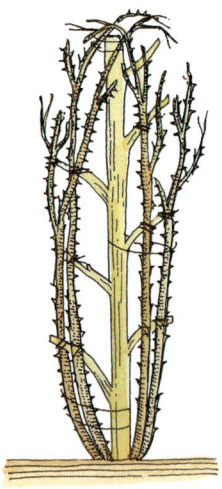

Geeignete Rosenarten

- 'Aloha' (rosa)
- 'Bantry Bay' (rosa)
- 'Dortmund' (rot mit weißem Auge)
- 'Galway Bay' (rosa)
- 'Golden Showers' (goldgelb)
- 'New Dawn' (silbrigrosa)
- 'Pink Perpétué' (rosa mit karminroter Rückseite)
- 'White Cockade' (weiß)

1 Im ersten Sommer nach der Pflanzung entwickeln Säulenrosen lange Stämme. Erziehen Sie diese in aufrechter Form und befestigen Sie sie an einer Mauersäule oder einem Stamm, der ein paar kurze Seitenzweige aufweist, um die Pflanze zu stützen und ihr zu einem luftigen und lockeren Aufbau zu verhelfen.

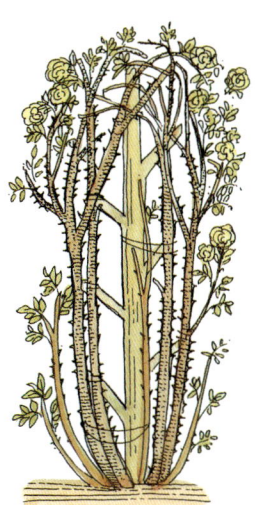

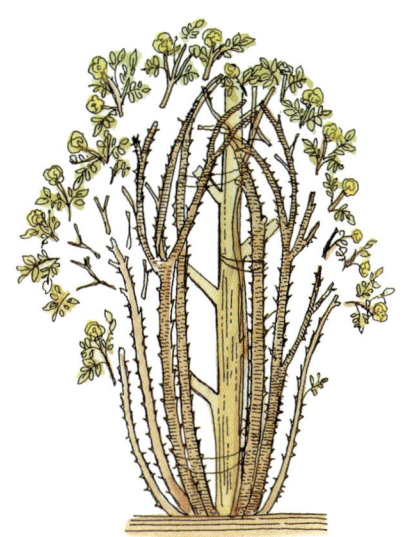

2 Im folgenden Sommer blühen die Pflanzen an den kurzen Seitenzweigen, die sich aus den langen Stämmen des Vorjahres entwickelt haben. Zusätzlich treiben frische, lange Triebe aus der Pflanzenbasis. Schneiden Sie alle welken Blüten ab, um das gepflegte Aussehen der Pflanze zu bewahren, und entfernen Sie alle Blütendolden.

3 Im Spätherbst oder zu Winterbeginn desselben Jahres schneiden Sie alle Seitentriebe, die Blüten getragen haben, zurück. Schneiden Sie einige der diesjährigen Jungtriebe zurück, um einen symmetrischen Aufbau zu erhalten. Die Zweige sollten sich gleichmäßig um die Pflanze verteilen und nicht nur auf der Sonnenseite stehen.

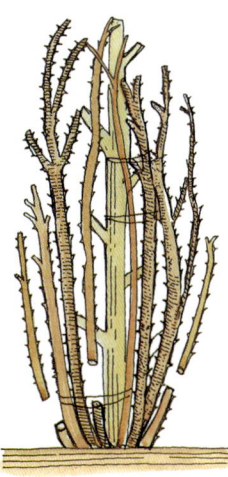

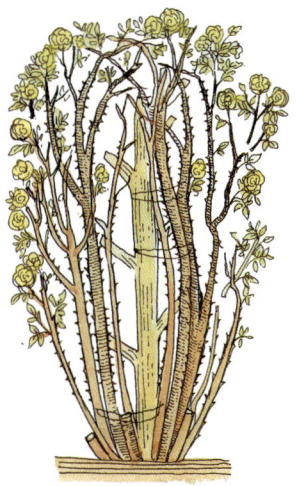

4 Gleichzeitig werden alle schwachen Triebe, die sich aus dem Stock entwickelt haben, ausgeschnitten. Krankes oder abgestorbenes Holz und einige der sehr alten Zweige werden entfernt. Diese Tätigkeiten (das Ausschneiden alter Triebe und das Erziehen junger) müssen jedes Jahr wiederholt werden, andernfalls entwickelt sich ein wirres Geäst mit nur wenigen Blüten.

5 In den folgenden Sommern tragen die Seitenzweige an den Trieben des Vorjahres Blüten (nach dem Verwelken abschneiden!). Im Spätherbst oder zu Winterbeginn schneiden Sie alle Seitenzweige aus, die Blüten getragen haben. Altes Holz wird abgesägt und einige der alten Stämme werden vollkommen entfernt. Säulenrosen sind meist leicht zu schneiden, da alle Zweige gut erreichbar sind.

RAMBLER- UND KLETTERROSEN

Rambler- und Kletterrosen benötigen von Natur aus eine Stütze. Viele erklimmen Bäume oder lehnen sich an eine Wand, aber dennoch besitzt jede ihren eigenen Charakter. Rambler-Rosen entfalten zahlreiche kleine Blüten, die in großen Büscheln getragen werden und zu Beginn und in der Mitte des Sommers erscheinen. Sie blühen nur einmal im Jahr, dann konzentriert die Pflanze ihre Energie auf die Erzeugung starker Triebe, die im Folgejahr Blüten tragen. Kletterrosen zeigen größere Blüten, die einzeln oder in Büscheln getragen werden und oft anderen Gartenrosen ähneln. Manche Kletterrosen blühen mehrfach. Theoretisch gesehen sind diese Unterschiede eindeutig. Aber aufgrund der Bandbreite an Züchtungen und der unterschiedlichen Abstammung von Rambler- und Kletterrosen sieht die Wirklichkeit komplizierter aus. Zuerst werden die Rambler-Rosen vorgestellt, dann die Kletterrosen auf den Seiten 50–51. Manche Kletterrosen, wie 'Golden Showers', 'Pink Perpétué' und 'White Cockade', werden auch als Säulenrosen erzogen (siehe Seite 46–47).

Rambler-Rosen

Es gibt drei Hauptarten:
- *Multiflora*-Hybriden tragen große Büschel mit kleinen Blüten und zeigen eine starre Wuchsform (Schnittgrupe 2).
- *Sempervirens*-Hybriden sind graziöse Kletterrosen mit langem, kräftigem Wuchs, verzweigten Blütenständen und kleinen Blüten (Schnittgruppe 1).
- *Wichuraiana*-Hybriden zeigen eine lange, graziöse Wuchsform und tragen relativ große Blüten an eleganten Blütenzweigen mit langen, biegsamen Trieben (Schnittgruppe 1). Manche Rosenexperten empfehlen, sie nur wenig zu schneiden, was aber mit der Zeit einen zu dichten Bewuchs zur Folge haben könnte.

RAMBLER-ROSEN: SCHNITTGRUPPE 1

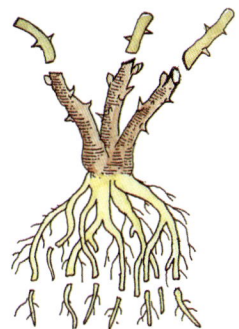

1 Nach dem Kauf einer Kletterrose zwischen Spätherbst und Frühlingsanfang schneiden Sie grobe, ungleich lange Wurzeln zurück. Die Rose besitzt in der Regel drei oder vier, bis zu 1,2 m lange Zweige. Schneiden Sie diese auf 23 bis 38 cm Länge zurück. Dann pflanzen Sie die Rose in nährstoffreichen, gut durchlässigen Boden fest ein.

2 Im Frühjahr entwickeln sich junge Triebe aus den Knospen der Zweigspitzen. Diese bilden die ersten Blütenzweige und das Grundgerüst, obwohl der jährliche Neuaustrieb von jungen Zweigen aus dem Wurzelstock wünschenswert ist.

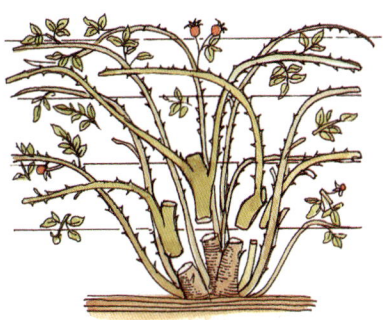

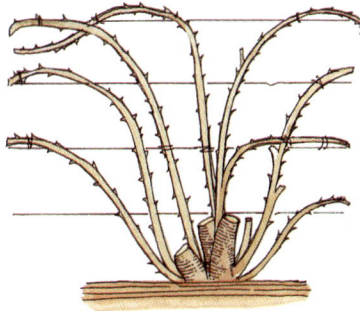

3 Im Spätsommer oder Herbst des folgenden und aller weiteren Jahre schneiden Sie abgeblühte Zweige bis auf ihre Basis zurück, wobei alle kräftigen Triebe, die sich zeitiger im Jahr entwickelt haben, stehen bleiben, an Stützen angebunden und ausgebreitet werden. Achten Sie darauf, dass diese Triebe nicht durch zu festes Anbinden beschädigt werden.

4 Schneiden Sie gleichzeitig alle Triebe, die den Haupttrieben entstammen, bis auf zwei bis drei Augen Entfernung von ihrer Basis zurück. Vernachlässigte Kletterrosen werden durch das Zurückschneiden aller Triebe verjüngt. Die Blüte des Folgejahres geht dabei allerdings verloren.

RAMBLER-ROSEN: SCHNITTGRUPPE 2

Im ersten Jahr entspricht der Schnitt dieser Pflanzen der ersten Gruppe, denen sie stark ähneln, obwohl sie weniger Zweige aus dem Stock austreiben. Schneiden Sie sie, sobald die Blüten welken, indem alte Triebe vollständig entfernt und Jungtriebe erzogen werden. Sind keine grundständigen Triebe vorhanden, schneiden Sie die alten Triebe bis auf 35 cm Entfernung von der Basis zurück. Außerdem schneiden Sie höher wachsende alte Triebe zu kräftigen Seitenzweigen zurück und kurze Seitentriebe bis auf zwei bis drei Augen entfernt von ihrem Entstehungspunkt ab.

Links: *Rosa* 'Albertine' trägt duftende, gefüllte Blüten.
Links oben: Hier windet sich *Rosa* 'Veilchenblau' durch einen Baum. Das Blattwerk des Baumes bildet einen eleganten Rahmen für die violette Rose.

KLETTERROSEN: SCHNITTGRUPPE 3

Der hier beschriebene Arbeits-
plan (Schneiden und Erziehen)
sollte jedes Jahr wiederholt
werden. Schneiden Sie alte und
erschöpfte Zweige vollständig
bis auf wenige Zentimeter Entfernung von dem Wurzelstock
der Kletterrose zurück, um
die Bildung frischer, kräftiger
Triebe anzuregen.

Oben: 'Madame Grégoire
Staechelin' ist eine frohwüchsige Kletterrose mit großen,
rosa Blütenbüscheln.
Unten: 'Golden Showers' ist
eine moderne Kletterrosen-
art, die den ganzen Sommer
über in üppiger Blüte steht.

Kletterrosen

Die folgenden Rosen gehören zur Schnittgruppe 3:
- Noisette-Rosen: diese alte Rosenart trägt kleine, rosetten-
förmige Blüten. Sie benötigt eine warme, frostfreie Lage.
- Kletternde Teerosen ähneln den Noisette-Rosen, aber im
Erscheinungsbild erinnern sie an Teehybriden.
- Kletternde Teehybriden haben den Charakter einer Tee-
hybride und sind in der Regel (natürliche) Mutanten der
Teehybriden.
- Kletternde Bourbon-Rosen sind durch ihren den alten
Rosen entsprechenden Blütentyp gekennzeichnet: Wie
die meisten Kletterrosen blühen sie mehrfach.
- Moderne Kletterrosen stellen eine relativ neue Gruppe
dar. Sie blühen mehrmals und ihre Blüten ähneln denen
der Teehybriden.

1 Nach dem Kauf einer jungen Kletterpflanze in der Ruheperiode schneiden Sie grobe und ungleiche Wurzeln zurück. Schneiden Sie zusätzlich schwache Triebe an der Basis aus und kürzen Sie die Spitzen unreifer und beschädigter Zweige ein. Dann pflanzen Sie die Rose gut ein, breiten ihre Zweige aus und binden sie locker an.

2 Im Mitt- und Spätsommer binden Sie alle jungen Triebe an, die aus dem bestehenden Gerüst und aus dem Boden treiben. Weiterhin müssen kräftige Zweige, die sich aus dem Grundgerüst entwickeln, erzogen werden. Hierin unterscheiden sich Kletterrosen von Ramblerrosen, bei denen jedes Jahr die in Bodenhöhe abgeschnittenen Zweige durch Jungtriebe ersetzt werden. Bei Kletterrosen wird ein permanentes Gerüstwerk gebildet. Einzelne Blüten erscheinen an den Spitzen der Jungtriebe. Sobald die Blüten welken, werden sie abgeschnitten. Seien Sie nicht enttäuscht, wenn nur ein paar Blüten erscheinen, denn es ist wichtiger, das Gerüstwerk der Pflanze zu bilden.

3 Zwischen der Herbstmitte desselben Jahres und dem zeitigen Frühjahr des Folgejahres schneiden Sie alle Seitenzweige, die Blüten getragen haben, bis auf drei oder vier Augen von ihrem Ursprungsort entfernt zurück. Schneiden Sie zusätzlich schwache und kranke Triebe aus und binden Sie Leittriebe an dem Gerüstwerk fest. Dünne und schwache Triebe, die aus dem Stock der Kletterrose austreiben, sollten auch entfernt werden. Bei einem Schnitt im zeitigen Frühjahr schneiden Sie außerdem frostgeschädigte Triebe aus, besonders bei etwas frostempfindlichen Sorten, die an einer zu kalten oder dem Wind ausgesetzten Stelle wachsen. Lockere Triebe sollten befestigt oder, falls nötig, abgeschnitten werden.

4 Im folgenden Mitt- und Spätsommer entfalten sich an den Spitzen der Jungtriebe und an den Seitenzweigen Blüten. Entfernen Sie diese, sobald sie welken. Jungtriebe werden ihrem Wachstum entsprechend angebunden. Später im Jahr schneiden Sie alle Seitentriebe, die geblüht haben, bis auf drei bis vier Augen zurück. Gleichzeitig werden schwache und kranke Triebe ausgeschnitten und an ein stützendes Gerüst aus Leittrieben angebunden.

3 KLETTERPFLANZEN

Die meisten Gärten bieten Platz für Kletterpflanzen. Mauern und Zäune können durch eine flächige Begrünung aufgewertet werden; Pergolen und Pfosten bieten weitere dekorative Möglichkeiten. Abgesehen von einer mehr oder weniger üppigen Blütenpracht bezaubern viele Kletterpflanzen durch ein buntes Laubwerk, zahlreiche Beeren oder eine interessante Herbstfärbung.

Zu den Laub abwerfenden Kletterpflanzen mit schöner Herbstfärbung gehören so bekannte Arten wie Dreispitzige Jungfernrebe (*Parthenocissus tricuspidata*) und Wilder Wein (*P. quinquefolia*). Immergrüne Kletterpflanzen stellen nicht nur eine Attraktion an sich dar, sondern schaffen auch einen Hintergrund für andere Gartenpflanzen. Manche Kletterpflanzen sind wüchsig genug, um hohe Bäume zu erklimmen. Sträucher, die eine Stütze brauchen und zu kälteempfindlich sind, um in einer Rabatte zu wachsen, fühlen sich an einer Wärme speichernden Mauer wohl. Manche Mauerpflanzen, wie z. B. der Feuerdorn (*Pyracantha*), gedeihen auch an exponierten, kalten Mauern.

Innerhalb der Gruppe der Kletterpflanzen gibt es große Unterschiede. Manche klettern selbstständig an Mauern und anderen Objekten empor. Andere benötigen als Stütze Drähte oder ein Spalier, wo sie angebunden werden können. Weiterhin gibt es Kletterer mit Dornen, die sich an den Stützhilfen, Spalieren oder Bäumen festhaken und so ihren Weg nach oben finden. Andere Kletterpflanzen haben Ranken, die sich um Gastpflanzen nach oben winden.

Der Charakter einer Kletterpflanze bestimmt den Standort, die Art der benötigten Stützhilfe und die Schnittechnik: Efeu (*Hedera* ssp.) klammert sich beispielsweise hartnäckig an Mauern fest und muss nur ausgelichtet und in seiner Ausdehnung begrenzt werden. Im Gegensatz dazu gehört Winterjasmin (*Jasminum nudiflorum*) zu den Spreizklimmern: Man sollte nicht nur alte, abgeblühte Zweige entfernen, sondern auch neue Triebe an ein stützendes Gerüst binden.

Damit eine Kletterpflanze optimal gedeihen kann, muss man ihre Eigenschaften kennen (siehe Seite 54 – 55). Die meisten Kletterpflanzen besitzen ein permanentes oder sich jährlich erneuerndes Geäst. Diese „holzigen" Arten werden auf den folgenden Seiten vorgestellt. Andere besitzen eine eher krautige Natur und müssen gegen Ende der Wachstumsperiode lediglich von alten Zweigen befreit werden. Es gibt natürlich auch einjährige Kletterpflanzen. Da diese aber nur gestützt bzw. befestigt und nicht geschnitten werden, wurden sie hier außer Acht gelassen.

Neben den Kletterpflanzen gibt es auch viele Sträucher, die hervorragend an einer Mauer wachsen. Einige dieser Sträucher sind immergrün und schaffen ein beständiges Blattwerk, während andere ihre Blätter abwerfen und so im Winter die Sicht aufs Mauerwerk freigeben.

Links: Der Kanarische Efeu (*Hedera canariensis* 'Variegata'), hier in Gesellschaft der Rose (*Rosa* 'Golden Showers'), ist eine beliebte immergrüne Kletterpflanze. **Oben:** Die Passionsblume (*Passiflora caerulea*) rankt sich an ihrer Stützhilfe fest.

Links: Die Dreispitzige Jung-fernrebe *(Parthenocissus tricuspidata)* gehört zu den Laub abwerfenden, selbst-ständigen Kletterern.
Rechts oben: *Hedera helix* 'Buttercup' ist wie alle Efeu-arten ein Wurzelkletterer.
Rechts unten: Die Blätter der Kolomikta *(Actinidia kolomikta)*, einer Schling-pflanze, weisen eine unge-wöhnliche Färbung auf.

KLETTEREIGENSCHAFTEN

Die meisten verholzenden, aus-dauernden Kletterpflanzen leben 15 Jahre und länger. Die Lebens-dauer hängt bei manchen Arten davon ab, ob sie einen regel-mäßigen Schnitt erhalten und ob alte, zu dichte und abgestorbene Zweige entfernt werden, um den Austrieb neuer Triebe zu fördern. Man könnte annehmen, dass alle selbsthaftenden und Wän-de bedeckenden Kletterer nie geschnitten werden müssen, ebenso alle mit Ranken ausge-rüsteten Pflanzen. Leider trifft dies nicht zu.

Auch der Standort, geeig-nete Kletterhilfen und die Ober-fläche, an der sich die Pflanze festklammern soll, spielen eine wesentliche Rolle. Man kann z. B. von einer Klematis nicht erwarten, dass sie selbstständig eine Mauer bedeckt. Dafür be-nötigt sie Drähte oder ein Spalier. Selbsthaftende Kletterer sind

dagegen Efeu *(Hedera* ssp.*)*, Dreispitzige Jungfernrebe *(Par-thenocissus tricuspidata)* und Chinesische Jungfernrebe *(P. henryana)*. Bevor man eine Kletterpflanze kauft, ist es des-halb wichtig, ihre Eigenheiten zu kennen und zu wissen, ob sie eine Stützhilfe braucht.

VIER GRUPPEN VON KLETTERERN

Innerhalb der Familie der Klet-terpflanzen herrscht eine große Vielfalt. Abhängig davon, aus welchem Teil der Welt und aus welcher Klimazone sie stammen, sind sie winterhart oder benöti-gen eine warme, windgeschützte Mauer. Des Weiteren unterschei-den sie sich auch in ihrem Klet-terverhalten:

Die erste Gruppe umfasst die Spreizklimmer: Sie halten nicht von allein und müssen festge-

bunden werden. Gute Beispiele sind Schönmalve *(Abutilon mega-potamicum)*, Winterjasmin *(Jasmi-num nudiflorum)*, *Solanum cris-pum* und natürlich Kletterrosen, obwohl etliche lange Dornen besitzen, die das Anhängen an die Stützhilfen unterstützen. Auch die Brombeeren gehören zu den Spreizklimmern.

Die Arten der zweiten Gruppe (Wurzelkletterer) brauchen keine Kletterhilfen, da sie sich mit ihren Haftwurzeln selbstständig an der jeweiligen Oberfläche festhalten. Pflanzen dieser Gruppe müssen in Schranken gehalten und abge-storbene Zweige ausgeschnitten werden. Einige Beispiele: Efeu *(Hedera* ssp.*)*, Kletterhortensie *(Hydrangea anomala* ssp. *petiola-ris)*, Chinesische Jungfernrebe *(Parthenocissus henryana)* und Wilder Wein *(P. quinquefolia)*.

Zur dritten Gruppe (Ranker) gehören Kletterpflanzen, die sich mithilfe von Ranken an ihrer Gastpflanze oder ihrer Stützhilfe festklammern. Hierzu zählt man z. B. alle strauchigen Klematis-arten, Passionsblume (Passiflora caerulea) und die verschiedenen Weinrebenarten einschließlich der China-Rebe (Vitis coignetiae).

Die vierte Gruppe (Schlinger) umfasst diejenigen Kletterpflan-zen, die mit ihren Stängeln und Trieben ihre Wirte bzw. Kletterhil-fen umschlingen. Dazu gehören Kolomikta (Actinidia kolomikta), Gemeiner Jasmin (Jasminum officinale), Waldgeißblatt (Loni-cera periclymenum), Glyzinie (Wisteria) und Schlingknöterich (Fallopia baldschuanica), der sich nur für größere Gärten eignet und kräftige Stützhilfen braucht.

GEBÄUDESICHERHEIT

Nur wenige Gärtner bedenken mögliche Sicherheitsrisiken, wenn sie Kletterpflanzen an die Häuserwände setzen. So soll es bereits vorgekommen sein, dass Kletterpflanzen dazu dienten, jugendlichen Ausreißern den Weg aus ihrem Schlafzimmer zu erleichtern. Kletterpflanzen mit kräftigen Ästen und so manches hölzerne Spalier verschaffen un-gebetenen Gästen einen schnel-len Zutritt zu den Fenstern der oberen Stockwerke.

Nicht alle Kletterpflanzen bieten einen guten und sicheren Halt: Weder die kleinblättrigen Efeuarten wie Hedera helix 'Oro di Bogliasco' (syn. H. helix 'Gold-heart') liefern eine ausreichende Stütze, noch großblättrige Arten wie Kaukasus-Efeu (H. colchica) oder Kanarischer Efeu (H. cana-riensis 'Gloire de Marengo', syn. H. canariensis 'Variegata') – es sei denn, die Stämme und Zwei-ge sind sehr alt und ineinander verstrickt. Großblumige Klematis-Hybriden und andere Klematis-

arten stellen ebenfalls kein Sicher-heitsrisiko dar. Alte Glyzinien mit verdickten Wurzelstöcken und gut entwickelten Zweigen bergen die meisten Gefahren, ebenso neu angebrachte Spaliere, die – besonders, wenn sie gut in den Wänden verankert sind – eine gute Leiter abgeben. Alte Kletter-rosen scheinen einen leichten Zutritt zu ermöglichen, aber

ihre dornigen Zweige bieten keine angenehmen Hand- und Fußstützen. Außerdem sind ihre Zweige rutschig und nicht tragfähig.

Wenn Sie sich über die Sicher-heit Ihres Hauses Sorgen machen, pflanzen Sie Kletterpflanzen nur an Pergolen, Gartenmauern, frei stehenden Spalieren und Bäumen.

Links: Wenn das Geißblatt nicht geschnitten wird, entwickelt es eine Vielzahl dünner Zweige, die nur an den Triebspitzen Blätter und Blüten tragen.
Rechts: Das Waldgeißblatt (*Lonicera periclymenum* 'Belgica') stellt keine hohen Ansprüche.

VERJÜNGUNGSSCHNITT

Der Begriff „Kletterpflanze" umfasst ein breites Spektrum an Wuchs- und Blühformen. Viele müssen jährlich geschnitten werden, damit ihre Blütenbildung angeregt wird, während andere in einem unbeschnittenen Zustand verweilen können, bis sie ein Stadium erreichen, wo ein Verjüngungsschnitt notwendig wird. Überlässt man sie dem Willen der Natur, verlassen sich viele Kletterpflanzen auf alte und verholzte Triebe, die als Stütze für junge Triebe dienen. Bei Gärtnern sind in die Jahre gekommene, unproduktive Triebe weniger beliebt. Sie werden – soweit wie möglich – entfernt und durch künstliche Stützhilfen ersetzt.

Wenn Sie Stützhilfen errichten, sollten Sie darauf achten, dass die Triebe um die horizontalen und vertikalen Streben herumwachsen können. Bei Pergolen und Pfosten ist das immer möglich, aber wenn ein hölzernes Spalier an einer Wand befestigt wird, müssen mindestens 2 bis 3 cm oder besser 3,5 cm Zwischenraum zwischen dem Spalier und der Wand vorhanden sein.

AUS ALT MACH NEU

Irgendwann – besonders, wenn die Kletterpflanze mehrere Jahre vernachlässigt wurde – steht man einem Gewirr aus altem, kreuz und quer wachsendem Holz gegenüber. Auch die Blühfähigkeit lässt zu wünschen übrig. Jetzt sollten Sie Ihrer Kletterpflanze einen Verjüngungsschnitt gönnen, der am besten im Frühjahr ausgeführt wird.

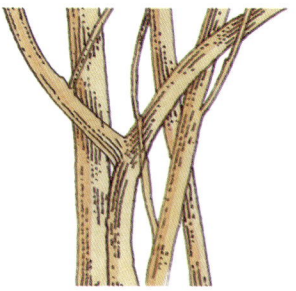

1 Schneiden Sie so viel wie möglich von den alten, verwachsenen Trieben aus. Gewöhnlich knipst man wiederholt kleine Stücke dieser Triebe ab.

2 Benutzen Sie eine scharfe Gartenschere oder ein Messer, um alte, abgestorbene und verzweigte Triebe bis zu einem gesunden Zweig zurückzuschneiden.

Das Geißblatt

Mit dem Geißblatt assoziiert man Baldachine und Lauben voll von duftenden Blüten. Manche Geißblattarten – einschließlich dem Japanischen Geißblatt *(Lonicera japonica)*, dem Waldgeißblatt (*L. periclymenum* 'Belgica') und *L. periclymenum* 'Serotina' – stellen keine hohen pflegerischen Ansprüche und blühen mehrere Jahre, ohne geschnitten werden zu müssen. Mit der Zeit kann aber das Gewicht ihrer Blätter und Zweige die Stützhilfen brechen.

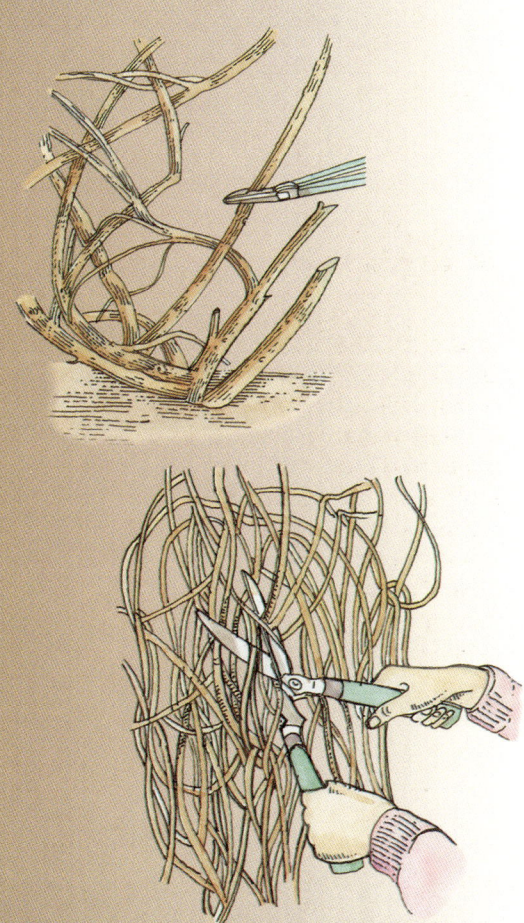

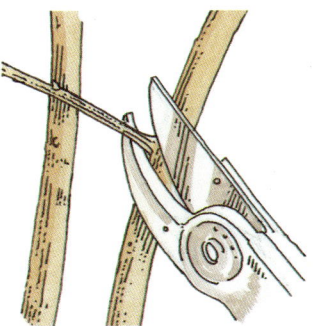

3 Schneiden Sie kranke Triebe bis auf das gesunde Holz zurück, um Infektionen und Krankheiten einzudämmen.

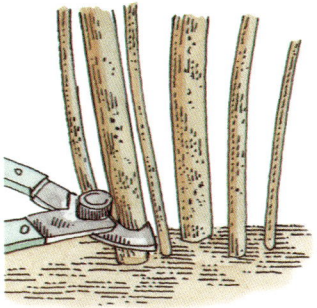

4 Manche Kletterpflanzen treiben immer wieder erneut aus dem Stock aus. Benutzen Sie eine kräftige, langschenklige Astschere, um alte, unproduktive Zweige am Wurzelstock zu entfernen.

1 Wenn ein Geißblatt nur noch aus vielen alten Zweigen besteht, schneiden Sie im Frühjahr mit einer Schere oder Astschere die gesamte Pflanze 38 bis 50 cm über dem Boden ab. **2** Falls nur dünne, kreuz und quer wachsende Zweige vorhanden sind, schneiden Sie abgestorbene Triebe am Boden ab und stutzen dünne Triebe mit einer kräftigen Gartenschere auf die neuen Zweige zurück.

LAUB ABWERFENDE KLETTER- UND MAUERPFLANZEN

Wer sich einen üppig bepflanzten Garten wünscht, wird auch das Mauerwerk in die Gartengestaltung mit einbeziehen und der einen oder anderen Kletterpflanze Gelegenheit bieten, triste Wände mit einem grünen Mantel zu überziehen. Doch nicht nur zu Dekorationszwecken leisten Mauern nützliche Dienste: Frostempfindlicheren Pflanzen gewähren sie darüber hinaus einen wertvollen Winterschutz, da sie die Sonnenwärme speichern und langsam wieder abgeben. Viele der nachfolgend vorgestellten Mauerpflanzen können in geschützten Gärten auch als frei stehende Sträucher angepflanzt werden. Einige immergrüne Arten werden auf den Seiten 60–61 beschrieben. Klematisarten finden Sie auf den Seiten 62–65 und Glyzinien auf den Seiten 66–67.

EMPFEHLENSWERTE PFLANZEN

Abutilon x *suntense* **(Schön-malve)** ist eine etwa 2 m hohe Gartenzüchtung, die von Mitte Frühling bis zum Herbst Büschel blauvioletter Blüten trägt. Siehe auch Seite 60.

Aristolochia macrophylla **(syn. *A. durior*, Pfeifenwinde)** ist eine frostempfindliche, stark wüchsige Kletterpflanze. Lediglich überlange Zweige sollten im Spätwinter oder zu Frühlingsbeginn um ein Drittel eingekürzt werden.

Campsis radicans **(Amerikanische Klettertrompete)** stammt aus Nordamerika. An einer warmen, geschützten Stelle kann der frohwüchsige Wurzelkletterer bis zu 9 m hoch werden. Im Spätsommer und Herbst erscheinen orangerote Blüten in endständigen Büscheln. Nach dem Pflanzen wird die Klettertrompete auf etwa 15 cm Höhe zurückgeschnitten, um den Neuaustrieb aus dem Wurzelstock anzuregen. Schneiden Sie die Triebe des Vorjahres bereits ausgeformter Pflanzen im Spätwinter oder zeitigen Frühling auf 5 bis 8 cm Entfernung vom Boden ab.

Celastrus orbiculatus **(Rundblättriger Baumwürger)** ist ein winterharter, stark wüchsiger, bis zu 10 m hoher Kletterer. Von Früh- bis Mittsommer trägt er sternförmige, gelbgrüne Blüten. Diesen folgen glänzende, orangegelbe Früchte, während sich die Blätter im Herbst von Mittelgrün zu leuchtendem Gelb verfärben. An eine Mauer oder Pergola gepflanzt, werden im zeitigen Frühjahr fehlplatzierte Zweige und Haupttriebe um die Hälfte ausgeschnitten.

Chaenomeles **(Scheinquitte)** umfasst drei winterharte, im Frühling blühende Straucharten. Wächst sie an einer Mauer, schneiden Sie im Frühjahr oder zeitigen Sommer nach der Blüte die Triebe des Vorjahres bis auf zwei oder drei Knospen vom Stock entfernt zurück.

Chimonanthus praecox **(Winterblüte)** kann an eine Mauer gepflanzt werden. Nach der Blüte schneiden Sie alle Triebe bis auf zwei Knospen vom Boden entfernt zurück.

Humulus lupulus **'Aureus' (Goldhopfen)** ist ein hervorragender, krautiger Kletterer mit leuchtend gelben Blättern, der bis 1,8 m hoch wird. Jedes Jahr sterben alle Triebe ab und treiben im Frühjahr erneut aus; entfernen Sie abgestorbene Zweige im Spätherbst oder zum Winteranfang.

Hydrangea anomala **ssp. *petiolaris* (Kletterhortensie)** ist winterhart, frohwüchsig und kann 12 m und höher werden. Im Frühsommer entfalten sich flache, cremefarbene Blütenköpfe mit bis zu 25 cm Durchmesser. Abgestorbene Zweige sollten im Frühjahr entfernt werden.

Jasminum nudiflorum **(Winterjasmin)** ist ein schlanker Strauch. Nach der Blüte (Frühlingsmitte) schneiden Sie alle abgeblühten Zweige auf 5 bis 8 cm vom Boden entfernt aus, um den Neuaustrieb anzuregen; ebenso verfahren Sie mit schwachen, alten Trieben. Nachdem die weißen Blüten von *J. officinale* (Gemeiner Jasmin) verblüht sind, lichten Sie abgeblühte Zweige bis zum Stammansatz aus.

Lonicera **ssp. (Geißblatt)** umfasst so beliebte Schlinger wie *L. periclymenum* 'Belgica' (Waldgeißblatt) mit vielen rotvioletten und gelben Blüten (Anfang bis Mitte Sommer) und *L. periclymenum* 'Serotina' mit rotvioletten Blüten und cremefarbenen Innenseiten (Sommermitte bis Herbst). Bei beiden Arten müssen nur alte und zu dichte Zweige im Frühjahr entfernt werden.

Parthenocissus henryana **(syn. *Vitis henryana*, Chinesische Jungfernrebe)** sollte im Frühjahr von alten und zu dichten Zweigen befreit werden. *P. quinquefolia* (syn. *Vitis quinquefolia*, Wilder Wein) und *P. tricuspidata* (Dreispitzige Jungfernrebe) werden genauso geschnitten.

Schizophragma integrifolium eignet sich besonders für Pergolen, Mauern oder Baumstümpfe. Der Wurzelkletterer wird etwa 6 m hoch und trägt von Sommermitte bis zum Herbst ca. 30 cm breite Büschel weißer Blüten, umgeben von etwa 8 cm langen, weißen Hochblättern.

Links: Die leuchtenden, gelbgrünen Blätter vom Goldhopfen (*Humulus lupulus* 'Aureus') bilden einen schönen Kontrast zu der rotbraunen Ziegelsteinmauer und der Holzbank.
Oben: Die Kletterhortensie (*Hydrangea anomala* ssp. *petiolaris*) ist ein frohwüchsiger Kletterer.

S. hydrangeoides trägt cremefarbene Blüten und blassgelbe Hochblätter. Schneiden Sie im Herbst welke Blüten und unerwünschte Triebe aus. Pflanzen, die Bäume erklimmen, können unbeschnitten bleiben.

Vitis coignetiae **(China-Rebe)** ist ein frohwüchsiger Ranker, der besonders für große Mauern, Zäune und alte Baumstümpfe geeignet ist. Die mittelgrünen Blätter mit herzförmigem Ansatz und drei oder fünf spitzen Lappen werden oft bis zu 30 cm breit und färben sich im Herbst leuchtend rot. Manche Exemplare erreichen beim Erklimmern alter Gebäude und hoher Bäume bis zu 25 m Höhe. Man kann versuchen, das Wachstum durch Entfernen alter Triebe im Spätsommer einzudämmen. Gleichzeitig werden junge Triebe eingekürzt.

IMMERGRÜNE KLETTER- UND MAUERPFLANZEN

In milden Klimazonen können halb immergrüne Pflanzen auch immergrün sein – vor allem, wenn sie an einer schützenden Mauer gepflanzt werden. Viele der rechts aufgeführten Mauer-pflanzen wachsen in wärmeren Regionen als Solitärpflanzen in Rabatten.

Immergrüne Kletter- und Mauerpflanzen bringen das ganze Jahr über etwas Farbe in den Garten und erfreuen durch ihre Blätter- und Blütenvielfalt. Winter-harte Kletterpflanzen wie z. B. diverse Efeuarten verdecken auch im Winter hässliche Mauern und Zäune.

EMPFEHLENSWERTE PFLANZEN

Abutilon **(Schönmalve)** gedeiht am besten im Schutz einer warmen Mauer, da sie frostempfindlich ist. Es gibt Laub abwerfende (siehe Seite 59) und immergrüne Arten. Im Mittfrühling werden frostgeschädigte und dürre Zweige eingekürzt. Befestigen Sie die Haupttriebe an Drähten oder Stangen.

Acacia **ssp. (Akazie)** blüht auch in gemäßigten Zonen, obwohl sie in Australien und Tasmanien heimisch ist – vorausgesetzt, sie wird an einer warmen, geschützten Mauer gepflanzt. Einmal ausgeformt, benötigt sie wenig Pflege.

Akebia quinata **(Kletter-Akebie)** ist eine halb immergrüne, attraktive Kletterpflanze mit gefingerten Blättern. Im Frühjahr entfaltet sie dunkelviolette Blüten, denen wurstförmige Früchte folgen. Nur überlange oder abgestorbene Zweige sollten im Frühjahr ausgeschnitten werden. Dank ihrer Ranken muss sie nur an wenigen Stellen festgebunden werden.

Berberidopsis corallina **(Korallenstrauch)** ist etwas frostempfindlich und wird daher am besten an eine geschützte, halbschattige Mauer gepflanzt. Im Spätwinter oder zeitigen Frühjahr werden abgestorbene Zweige entfernt. Der Boden kann einen sauren oder neutralen pH-Wert aufweisen, sollte aber leicht, gut durchlässig und sandig sein.

Carpenteria californica, ein immergrüner Strauch, wird am besten vor eine warme Mauer gepflanzt. Entfernen Sie nach der Blüte alle dürren Zweige.

Ceanothus **(Säckelblume)** umfasst auch immergrüne Sorten, die am besten an einer warmen, geschützten Wand gedeihen. Dazu gehören *C. rigidus, C. impressus, C.* 'Burkwoodii' und *C.* 'Cascade'. Die vorjährigen Triebe sollten im Frühjahr eingekürzt werden.

Eccremocarpus scaber **(Schönranke)** ist nicht absolut winterhart. Schneiden Sie gegen Ende des Frühjahrs frostgeschädigte Triebe aus. Wird die ganze Pflanze durch Frost geschädigt, schneiden Sie alle Zweige bis auf den Boden zurück, um den Neuaustrieb anzuregen.

Hedera **(Efeu)** umfasst viele interessante Arten und Züchtungen. *H. canariensis* 'Gloire de Marengo' (syn. *H. canariensis* 'Variegata'; Kanarischer Efeu) ist ein beliebter immergrüner Kletterer, der eine dichte Wand bildet. Die grünen Blätter sind silbergrau, cremefarben gemustert. Die starkwüchsigen Pflanzen können nach einigen Jahren Regenrinnen blockieren und in Spalten und Risse eindringen. Im Spätwinter oder zu Beginn des Frühlings sollte man sie daraufhin überprüfen. Im Spätsommer sollten lange Triebe abgeschnitten werden. *H. colchica* 'Dentata Variegata' hat blassgrüne, ovale oder herzförmige, etwa 20 cm lange Blätter mit gelblichen, cremefarbenen Rändern. Schneiden Sie sie auf dieselbe Art und Weise wie *H. canariensis. H. helix* 'Oro di Bogliasco' (syn. *H. helix* 'Goldheart') ist eine kleinblättrige, gefleckte Efeusorte. Die mattgrünen Blätter sind unregelmäßig gelb gefleckt. Sie klettert selbstständig und benötigt wenig Pflege. An eine sonnige Mauer gepflanzt, neigt sie zu schnellem Wachstum.

Lapageria rosea **(Lapagerie)** ist in gemäßigten Zonen nur bedingt winterhart und muss an eine warme, sonnige Mauer gesetzt werden. Schwache Triebe werden nach der Blüte im Spätsommer oder Anfang Herbst ausgelichtet.

Lonicera japonica **(Japanisches Geißblatt)** ist in manchen Gegenden halb immergrün. Außer dem Entfernen zu dichter Zweige im Frühjahr sind keine weiteren Schnittmaßnahmen nötig. *L. japonica* 'Aureoreticulata' ist empfindlich gegen Frost und kann seine Blätter verlieren. Nach der Blüte sollten alte Triebe ausgelichtet werden.

Passiflora caerulea **(Blaue Passionsblume)** ist nicht absolut winterhart. Von Anfang bis Ende Sommer ist diese spektakuläre Kletterpflanze mit ca. 8 cm großen, hellblauen Blüten übersät. Zu Beginn oder in der Mitte des Frühlings schneiden Sie störende Zweige bis auf den Boden oder zu den Haupttrieben zurück. Kürzen Sie die Seitentriebe bis zu einem etwa 15 cm vom Haupttrieb entfernten Vegetationspunkt.

Solanum crispum **(Nachtschatten)** wird etwa 5 m hoch und trägt von Sommeranfang bis -ende große Büschel von sternförmigen, blauvioletten Blüten mit vorstehenden gelben Staubbeuteln. *S. crispum* 'Glasnevin' ist eine robuste und blühfreudige Sorte. Mitte des Frühjahrs werden die vorjährigen Triebe auf etwa 15 cm Länge eingekürzt sowie schwache und frostgeschädigte Triebe entfernt. Ebenfalls im Frühjahr werden schwache Triebe und frostgeschädigte Zweige von *S. jasminoides* (Jasminähnlicher Nachtschatten) ausgelichtet.

Trachelospermum jasminoides **(Sternjasmin)** ist eine holzige, windende Kletterpflanze, die einen geschützten Standort bevorzugt. Anfang und Mitte Frühling werden starkwüchsige Triebe ausgedünnt.

Links: Der Sternjasmin *(Trachelospermum jasminoides)* bezaubert durch seine duftenden, sternförmigen Blüten.

Rechts: Obwohl die Schönranke *(Eccremocarpus scaber)* nicht absolut winterhart ist, lohnt es sich, sie wegen ihrer exotischen, orangeroten Blüten anzupflanzen.

KLEMATIS

Das Schneiden von Klematisarten ist gar nicht so kompliziert, wie oft behauptet wird. Man teilt sie in Abhängigkeit vom Alter der Blüten tragenden Zweige in drei Schnittgruppen ein:

SCHNITTGRUPPE 1

Diese Klematisarten tragen nicht nur von Frühlingsende bis Sommermitte an den Trieben des Vorjahres Blüten, sondern treiben auch Zweige aus, die vom Spätsommer bis in den Herbst hinein für eine zweite Blüte sorgen.

SCHNITTGRUPPE 2

Sie umfasst alle frohwüchsigen, im Frühling und Frühsommer blühenden Klematisarten, die an kurzen Trieben, die sich aus dem Austrieb des Vorjahres und an den Spitzen des diesjährigen Austriebes entwickeln, Blüten tragen.

SCHNITTGRUPPE 3

Hierzu gehören spät blühende, großblumige Züchtungen, einige kleinblütige Sorten und spät

Oben: Diese Alpenwaldrebe *(Clematis alpina)* wurde an einer Mauer aus aufgeschichteten Steinen emporgezogen. *Rechts:* Die Grossblütige Alpenklematis (*Clematis macropetala* 'Blue Bird') gehört zur Schnittgruppe 1.

blühende Arten. Sie blühen im Sommer und Herbst an den Trieben des diesjährigen Holzes und treiben jeden Frühling an den Enden der alten Triebe neu aus. Wenn man sie vernachlässigt und nicht richtig schneidet, werden die Stöcke schnell kahl und unansehnlich.

SCHNITTGRUPPE 1

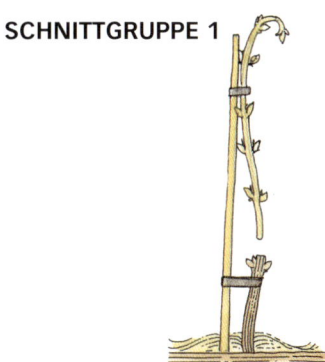

1 Im Spätwinter des ersten Jahres nach dem Pflanzen werden die Triebe bis kurz über dem niedrigsten gesunden und kräftigen Knospenpaar abgeschnitten. Dieser starke Rückschnitt regt die Entwicklung kräftiger Triebe an, die das Grundgerüst der Kletterpflanze bilden sollen. Im Sommer befestigen Sie die Zweige an aufgespannten Drähten oder einem hölzernen Spalier. Es ist wichtig, die Triebe gleich zu Beginn zu erziehen, damit sie ausreichend Licht und Luft erhalten.

2 Im Spätwinter des zweiten Jahres schneiden Sie die Leittriebe des Vorjahres, die an die Kletterhilfe gebunden wurden, um die Hälfte ihrer Länge zurück. Achten Sie darauf, dass jeder Zweig kurz über einem Paar gesunder, kräftiger Knospen abgeschnitten wird. Wenn Zweige im unteren Bereich der Pflanze zeitig im Jahr blühen, schneiden Sie diese bis zu einem Knospenpaar über dem Boden zurück. Im Sommer treiben junge Triebe aus, die an der Kletterhilfe befestigt werden.

3 Im Frühsommer der folgenden Jahre schneiden Sie mit einer Astschere alle Triebe, die zeitiger im Jahr geblüht haben, bis auf eine oder zwei vom Stammansatz entfernte Knospen zurück. Die Bergwaldrebe (*C. montana* und *C. montana* var. *sericea*) ist besonders starkwüchsig. Falls sie länger nicht geschnitten wurde und sich ein zu dichtes Geäst entwickelt hat, können Sie die Pflanze verjüngen, indem Sie sie im Spätwinter fast bis auf den Boden abschneiden. Wenn die Bergwaldrebe an Bäumen emporklettert, wird sie nicht beschnitten.

KLEMATISARTEN (SCHNITTGRUPPE 1)

Zu dieser Gruppe gehören:
* *C. alpina*, z. B. 'Frances Rivis'
* *C. armandii*, z. B. 'Apple Blossom'
* *C. cirrhosa*
* *C. macropetala*, z. B. 'Markham's Pink'
* *C. montana* f. *grandiflora*, *C. montana* var. *sericea*, *C. montana* var. *rubens*, z. B. 'Alexander', 'Elizabeth' und 'Tetrarose'

Links: Clematis 'Nelly Moser', eine sehr beliebte Sorte, gehört zu Gruppe 2.
Rechts: 'Gravetye Beauty' ist eine kleinblütige Züchtung der Gruppe 3.

SCHNITT-GRUPPE 2

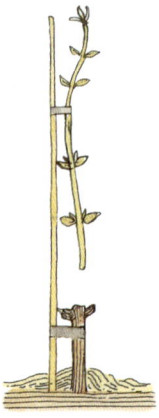

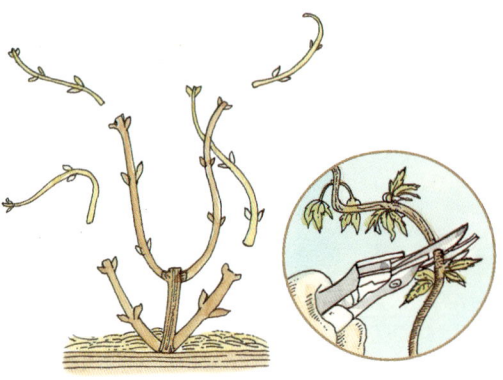

1 Nach der Pflanzung im Spätwinter schneiden Sie den Leittrieb bis auf das niedrigste gesunde, kräftige Knospenpaar zurück. Im späten Frühjahr und zeitigen Sommer müssen die schnell wachsenden, jungen Triebe an einem Drahtgerüst oder Holzspalier erzogen werden. Auch aus dem Boden treibende Zweige werden daran befestigt. Manchmal erscheinen bereits im ersten Jahr einige Blüten.

2 Im Spätwinter des zweiten Jahres schneiden Sie die Haupttriebe des Vorjahres um die Hälfte zurück. Schneiden Sie diese direkt über einem kräftigen, gesunden Knospenpaar ab. Im folgenden Sommer erziehen Sie die jungen Triebe und breiten sie entlang der Kletterhilfe aus, um ein kräftiges Grundgerüst zu erhalten. Im zweiten Jahr entwickeln sich in der Regel an dem jungen Austrieb einige Blüten (oft im Herbst).

KLEMATISARTEN (SCHNITTGRUPPE 2)

Zu dieser Gruppe gehören:
- Florida-Gruppe, z. B. 'Duchess of Edinburgh' und 'Vyvyan Pennell'
- Hybriden der Lanuginosa-Gruppe, z. B. 'Carnaby', 'Elsa Späth', 'Général Sikorski', 'Marie Boisselot' und 'Nelly Moser'
- Hybriden der Patens-Gruppe, z. B. 'Barbara Jackman', 'Daniel Deronda', 'Lasurstern', 'Mrs N. Thompson' und 'The President'
- Andere großblütige Arten, z. B. 'Henryi' und 'Niobe'

3 Zu Beginn und in der Mitte des Sommers des dritten Jahres schneiden Sie direkt nach der ersten Blüte ein Viertel bis zu einem Drittel aller reifen Triebe bis auf 30 cm über dem Boden ab. Dort, wo die Pflanzen an einer Mauer wachsen, können die Zweige leicht erreicht und geschnitten werden. An einer Pergola werden die Zweige am besten nicht geschnitten, da sie sich nur schwer aus ihrer Umklammerung lösen lassen.

SCHNITT-GRUPPE 3

1 Nach dem Pflanzen im Spätwinter schneiden Sie den Leittrieb bis auf das niedrigste kräftige Knospenpaar zurück. Das rigorose Zurückschneiden der Pflanze regt die Entwicklung junger Triebe an. Im folgenden Sommer treiben gesunde Jungtriebe aus, die erzogen und an Drähten oder einem hölzernen Gerüst befestigt werden. Auf diese Weise werden der Austrieb kräftiger Zweige vom Boden und ein buschiges Wachstum gefördert.

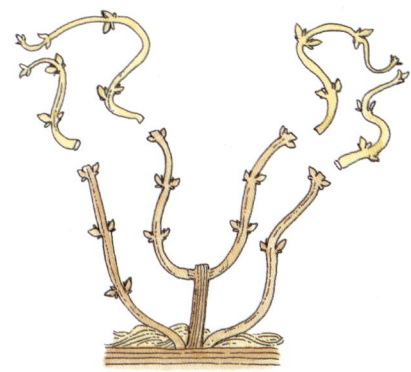

2 Im Spätwinter des zweiten Jahres schneiden Sie jeden Trieb bis auf das unterste kräftige Knospenpaar zurück. Dazu gehören auch Triebe, die im Vorjahr aus dem Boden ausgetrieben haben und einen Busch zu formen beginnen. Im folgenden Sommer entwickeln sich wüchsige Triebe, die ausgebreitet und an einer Stützhilfe befestigt werden. Vom Mitt- bis zum Spätsommer blühen die früh im Jahr ausgetriebenen Zweige.

3 Im Spätwinter des nachfolgenden Jahres schneiden Sie alle Triebe bis auf ein paar kräftige Knospen an der Basis zurück. Aus diesen Knospen entstehen Blüten tragende Triebe. Befestigen Sie die Triebe an einem Gerüst. Wurde eine Pflanze vernachlässigt, schneiden Sie die Hälfte der Zweige bis ins alte Holz zurück, um einen Austrieb vom Boden aus anzuregen; die anderen Zweige werden bis zu den Knospen zurückgeschnitten. Schneiden Sie im darauf folgenden Jahr die andere Hälfte zurück.

KLEMATISARTEN (SCHNITTGRUPPE 3)

Zu dieser Gruppe gehören:
- Jackmanii-Hybriden wie 'Comtesse de Bouchaud', 'Ernest Markham', 'Hagley Hybrid' und 'Perle d'Azur'
- *C. florida* und Hybriden wie 'Flore Pleno'
- *C. tangutica* und Hybriden wie 'Bill MacKenzie' und 'Golden Harvest'
- *C. texensis* und Hybriden wie 'Duchess of Albany', 'Étoile Rose' und 'Gravetye Beauty'
- *C. viticella* und Hybriden wie 'Ville de Lyon'

GLYZINIEN

Die Glyzinie ist eine der spektakulärsten und beliebtesten Kletterpflanzen. Gegen Frühlingsende und zu Sommerbeginn ist sie über und über mit hängenden, duftenden, blauen oder weißen, erbsenförmigen Blütentrauben bedeckt.

HOCHSTAMM-GLYZINIE

Meistens findet die Glyzinie an Pergolen, Pfosten oder Mauern Halt. Weniger gebräuchlich ist es, einen einzelnen Stamm an einem etwa 2 m hohen Pfahl emporzuziehen und die Zweige dann über ein hölzernes Gerüst zu leiten, das strahlenförmig angeordnet ist und einen Schirm mit flacher Spitze bildet.

Besorgen Sie sich eine junge Pflanze und befestigen Sie diese an einem kräftigen Pfosten. Erziehen Sie die Triebspitzen nach oben und erlauben Sie gleichzeitig den Nebentrieben, sich zu entwickeln. Schneiden Sie diese bis auf etwa 23 m Länge zurück. Sobald sich der Leittrieb etwa 45 bis 60 cm über dem Dach des Stützgerüstes befindet, schneiden Sie ihn ab und lassen die oberen Seitenzweige ein Blätterdach bilden. Entfernen Sie später alle übrigen Seitentriebe im Bereich des Hauptstamms.

Sobald sich die Pflanze voll ausgeformt hat, muss sie im Sommer und im Winter geschnitten werden, damit sie gleichmäßig blüht und nicht übermäßig in die Höhe und Breite schießt.

DER RÜCKSCHNITT AUSGEFORMTER GLYZINIEN

Nach der Ausbildung eines Gerüstes muss die Kletterpflanze unter Kontrolle gehalten werden, denn im Laufe eines Jahres können die Seitentriebe bis zu 3,6 m lang werden. Wenn die Glyzinie nicht beschnitten wird, entwickelt sie bald ein dschungelartiges Geflecht und wird für den ihr zugewiesenen Platz zu groß. Durch einen Rückschnitt im Winter wird ein noch stärkeres Wachstum angeregt. Ein Sommerschnitt zügelt dagegen das Pflanzenwachstum.

Zu Beginn oder Ende des Winters schneiden Sie alle Triebe bis auf zwei oder drei, vom Wachstumspunkt des Vorjahres entfernte Knospen zurück. Wird die Pflanze zu groß, schneiden Sie diese in der Sommermitte, wobei die jungen Triebe des diesjährigen Holzes bis auf fünf oder sechs Augen vom Stammansatz entfernt zurückgeschnitten werden.

Links: Die Chinesische Gly-
zine (*Wisteria sinensis* 'Alba'),
als Hochstamm gezogen,
bildet den Mittelpunkt dieses
Gartens.

DER RÜCKSCHNITT JUNGER GLYZINIEN

Junge Glyzinien müssen sorgfältig geschnitten und
erzogen werden, damit sich ein starkes Gerüst
ausbilden kann.

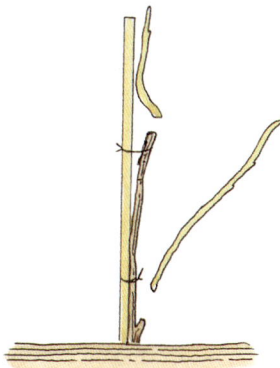

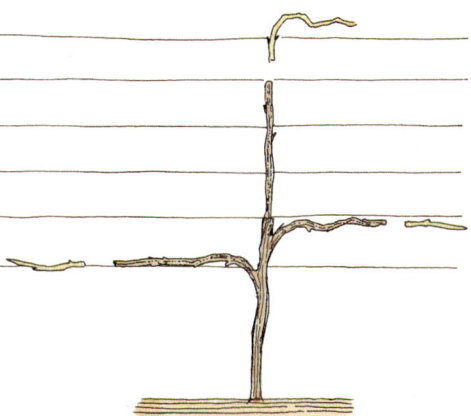

1 Im Spätwinter oder zeitigen Frühjahr nach dem
Pflanzen schneiden Sie die kräftigsten Triebe bis
auf etwa 75 cm über dem Boden zurück. Gleichzeitig werden alle anderen Triebe entfernt.

2 In der Mitte des zweiten Winters schneiden Sie
den zentralen Leittrieb 75 bis 90 cm über dem
obersten Seitentrieb zurück. Gleichzeitig biegen Sie
die Seitentriebe so, dass sie waagrecht verlaufen.
Kürzen Sie sie dicht unterhalb einer nach oben
weisenden Knospe um ein Drittel und binden Sie
sie fest.

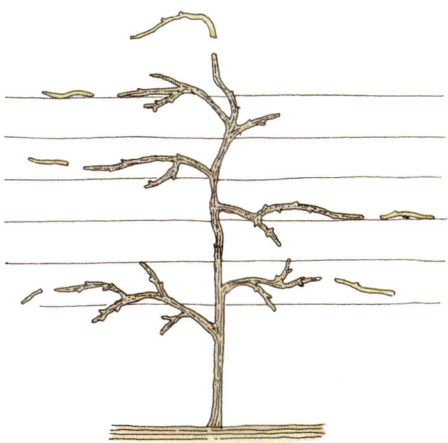

3 Im dritten Winter schneiden Sie den zentralen
Leittrieb wieder 75 bis 90 cm über dem höchsten
Seitentrieb ab. Biegen Sie die oberen Seitentriebe
etwas nach unten und kürzen Sie diese um ein
Drittel. Von den unteren Seitentrieben entfernen
Sie etwa ein Drittel des neuen Austriebs.

4 In den folgenden Wintern sorgen Sie weiterhin
für eine horizontale Ausrichtung der Seitentriebe,
die 8 bis 10 cm von ihrem Stammansatz entfernt
abgeschnitten werden. Sobald der Leittrieb die
gewünschte Höhe erreicht hat, schneiden Sie ihn
kurz über dem höchsten Seitentrieb ab.

4 BÄUME

Normalerweise erwartet man, dass ein Baum auch ohne viel Pflege gedeiht. Dies trifft sicherlich auf viele Arten zu, aber wer regelmäßig seine Zöglinge kontrolliert, hat länger Freude daran. Darüber hinaus kann man durch gezielt angesetzte Schnitte die Wuchsform eines Baumes beeinflussen. Manche Bäume, z. B. Pflaumen, sollten nur geschnitten werden, wenn der Saft am Steigen ist, aber die meisten Arten dürfen während der Ruheperiode eingekürzt werden. Durch starke Winde oder heftige Schneefälle beschädigte Zweige werden im Spätwinter entfernt. Auch nach innen wachsende und kranke Äste fallen jetzt der Säge zum Opfer.

Wenn sich Laub- und Nadelbäume erst einmal ausgeformt haben, bleibt außer dem Entfernen abgestorbener und kranker Zweige wenig zu tun. Manchmal muss ein niedrig wachsender Ast entfernt werden, um den symmetrischen Aufbau des Baumes nicht zu stören. Doch während der formgebenden Jahre ist der Pflegeaufwand größer. Bei jungen Nadelgehölzen sollte man sich beispielsweise jedes Jahr vergewissern, dass sie nur einen Leittrieb besitzen. Lässt man zwei Leittriebe stehen, entwickelt sich eine gegabelte Spitze. Diese sieht nicht nur unvorteilhaft aus, son-

Oben: Ein ausgewachsener Baum wie dieser Weißdorn (*Crataegus monogyna*) benötigt nun weniger Pflege als in jungen Jahren.

dern kann bei starkem Schnee-fall auch auseinander brechen. Benutzen Sie eine starke Baum-schere, um einen der Gabeltriebe zu entfernen. Solange die Koni-fere noch jung ist, befestigen Sie den Leittrieb an einem Pfahl.

Sehr alte und prämierte Bäu-me erfordern unter Umständen mehr Pflege als das gelegent-liche Entfernen eines Astes. Manche Äste müssen abgestützt werden, während andere Hohl-räume besitzen, die gesäubert und ausgefüllt werden sollten, um Fäulnis und Krankheiten

entgegenzuwirken. Dazu gehört das Auskratzen von faulem Holz, das Streichen der Oberfläche mit einem pilztötenden Wundver-schlussmittel und das Versiegeln der Wunde mit Zement. Wasser, das an dieser Stelle einsickern könnte, braucht einen Abfluss.

Das Abstützen großer Äste geschieht entweder durch unter-legte Pfosten oder durch riesige Haken, die an höheren Ästen mit Drahtseilen aufgehängt werden. Früher wurden Eisenkonstruk-tionen, die an Hundehalsbänder erinnern, um den Ast geschraubt

und mithilfe einer Eisenstange oder Kette in einer ähnlichen Vor-richtung an einem höheren Ast eingehängt. Abgesehen davon, dass sie keinen schönen Anblick bieten, behindern diese „Hals-bänder" den Saftstrom zu den Astenden. Die Flächen auf bei-den Seiten der Bänder schwellen irgendwann an und der Ast muss später vollständig entfernt wer-den. Wenn man diese Bänder nicht jedes Jahr neu anpassen kann, ist es vorteilhafter, die erwähnten Stützpfosten oder Haken zu verwenden.

DAS ENTFERNEN EINES GROSSEN ASTES

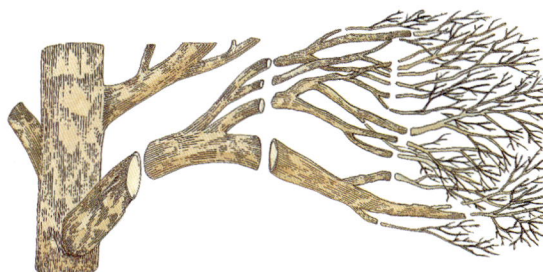

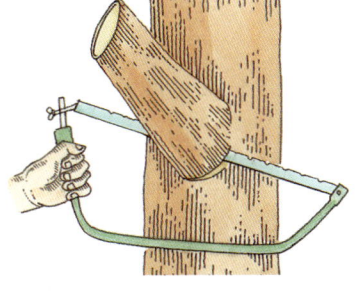

1 Schneiden Sie einen großen Ast immer in meh-reren Arbeitsgängen ab, denn durch einen einzigen Schnitt in Stammnähe könnte der Baum beschädigt werden. Kleinere Aststücke lassen sich außerdem leichter abtransportieren.

2 Sobald ein großer Ast in etwa 45 cm Entfernung vom Stamm abgeschnitten wurde, sägen Sie ihn von unten her zu zwei Dritteln an. Platzieren Sie den Schnitt dicht neben den Stamm. Indem man den Ast von unten anschneidet, verhindert man, dass die Rinde unterhalb des Astes Schaden nimmt.

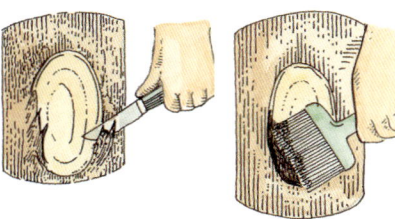

3 Der übrige Teil des Astes wird von oben abge-sägt. Treffen die beiden Schnitte nicht exakt auf-einander, gleicht man die Unebenheiten mit einer groben Feile aus. Sind die beiden Schnitte weit voneinander entfernt, kann nur ein weiterer Schnitt eine ebene Fläche schaffen. Mit einer scharfen Säge fällt die Arbeit leichter.

4 Mit einem scharfen Messer werden die Schnitt-ränder geglättet. Ungeglättet dauert die Wund-heilung länger. Danach wird die Wunde mit einem pilztötenden Wundverschlussmittel vollständig eingestrichen, um das Eindringen von Krankheits-erregern zu verhindern.

Links: Der Teufelskrückstock (*Aralia elata* 'Variegata') wird wegen seiner schmuckvollen Blätter geschätzt. Die winzigen weißen Blüten erscheinen im Spätsommer.
Oben: Der Gemeine Flieder (*Syringa vulgaris* 'Masséna') bietet ein prächtiges Schauspiel.

DER SCHNITT BEI LAUB ABWERFENDEN BÄUMEN

Manchmal muss auch ein ausgeformter Baum geschnitten werden, etwa, wenn er zu groß geworden ist oder benachbarte Pflanzen verdrängt. Bei der Wahl eines Baumes sollten Sie seine Größe in 15 oder 20 Jahren bedenken. Die auf der rechten Seite aufgeführten Laub abwerfenden Bäume sind für die meisten Gärten geeignet. Auf den Seiten 72–73 werden einige immergrüne Bäume beschrieben. Manche Gattungen, wie z. B. Stechpalme (*Ilex*) und Magnolie (*Magnolia*), umfassen Laub abwerfende und immergrüne Arten. Diese werden unter den immergrünen Arten aufgeführt. Die angegebene Höhe der Bäume setzt voraus, dass diese unter idealen Bedingungen aufwachsen.

Von zahlreichen Bäumen gibt es auch Zwergformen, die sehr langsam wachsen. Da man es einer Jungpflanze nicht ansieht, wie sie sich in Zukunft entwickeln wird, sollte man sich in der Gärtnerei von wirklich fachkundigem Personal beraten lassen.

EMPFEHLENSWERTE PFLANZEN

Acer japonicum (Japanischer Ahorn) ist ein ausladender Laub abwerfender Strauch oder kleiner Baum, der bis zu 10 m hoch wird. Jungpflanzen werden in Form geschnitten; dichte Äste müssen entfernt werden. Schneiden Sie im Spätsommer oder zeitigen Herbst, um Ausbluten zu verhindern. Kleine Sorten des Fächerahorns (A. palmatum) (bis 8 m) besitzen fein geschlitzte Blätter mit leuchtender Herbstfärbung. A. p. 'Dissectum Atropurpureum' hat tief eingeschnittene, tiefrote Blätter und eine kuppelförmige, leicht überhängende Gestalt. Er ist ca. 75 cm hoch und 1,5 m breit. A. shirasawanum 'Aureum', eine gelbblättrige Variante des Japanischen Ahorns, wächst langsam bis zu einer Höhe von 4,5 bis 6 m. Vor dem Fall färben sich die Blätter karmesinrot.

Aralia elata (Teufelskrückstock) ist ein frohwüchsiger, etwa 10 m hoher, Laub abwerfender Baum. Regelmäßiges Schneiden ist nicht notwendig, aber der Baum treibt Ausläufer und seine Triebe sollten, falls er sich stark ausbreitet, im Frühling bis zum Boden abgeschnitten werden.

Betula ssp. (Birke) kann bei einigen Arten bis zu 20 m hoch werden. Ein regelmäßiger Schnitt ist nicht erforderlich. Ein fehlplatzierter Ast wird am besten im Spätherbst entfernt, wenn die Gefahr des Ausblutens geringer ist.

Cercis siliquastrum (Gemeiner Judasbaum) wird bis zu 10 m hoch. Jungpflanzen werden in Form geschnitten; später genügt es, wenn man abgestorbene Zweige entfernt. C. chinensis (Chinesischer Judasbaum), etwa 6 m hoch, wird genauso geschnitten wie C. siliquastrum. Er trägt im Spätfrühling und Anfang Sommer zahllose leuchtend rosafarbene Schmetterlingsblüten und kommt auf einer großen Rasenfläche besonders gut zur Geltung. Neben dem bis zu 1,2 m hohen Stamm ist Platz für Zwiebelpflanzen.

Cornus ssp. (Hartriegelgewächse) sind kleine (abhängig von der Art), etwa 6 m hohe Bäume. Regelmäßiges Schneiden ist nicht notwendig. Eine Ausnahme bildet das Zurück-

schneiden im Spätwinter, um benachbarte Pflanzen nicht zu stören.

Ginkgo biloba (Ginkgobaum) sollte nicht beschnitten werden, da die Zweige dieses bis zu 30 m hohen Baumes absterben könnten.

Larix ssp. (Lärche) ist eine Gattung Laub abwerfender, bis zu 30 m hoher Nadelbäume. Schnittmaßnahmen sind nicht erforderlich, aber achten Sie darauf, dass jeder Baum nur einen Leittrieb entwickelt.

Malus ssp. (Holzapfel) benötigt keinen regelmäßigen Schnitt, aber quer wachsende, kranke, beschädigte oder fehlplatzierte Arten sollten im Spätwinter ausgeschnitten werden.

Metasequoia glyptostroboides (Urwelt-Mammutbaum) muss nicht geschnitten werden. Achten Sie darauf, dass nur ein Leittrieb dieses bis zu 40 m hohen, Laub abwerfenden Nadelbaums stehen bleibt.

Prunus (Pflaume) umfasst eine große Gattung mit zahlreichen Ziersträuchern und -bäumen (Frucht tragende Prunus-Arten: siehe Seite 100–109). Die Anforderungen an ihre Pflege variieren: Ziermandelbäume müssen nicht regelmäßig geschnitten werden, aber schneiden Sie die alten, abgeblühten Triebe von P. glandulosa (Drüsenkirsche) und P. triloba (Mandelbäumchen) direkt nach der Blüte, indem Sie diese bis auf zwei oder drei Knospen des vorjährigen Holzes einkürzen. Auch Zierkirschen benötigen keinen regelmäßigen Schnitt, aber große Äste sollten im Spätsommer entfernt werden. Wird P. incisa (Märzkirsche) als Hecke gezogen, muss sie sofort nach der Blüte gestutzt werden. Eine der besten Japanischen Kirschen ist P. 'Kanzan', die wegen ihrer kupferroten jungen Blätter und ihrer rosafarbenen, gefüllten Blüten geschätzt wird. Sie ist frohwüchsig und entwickelt sich zu einem großen Baum. P. padus 'Watereri' (Traubenkirsche) entfaltet im Spätfrühjahr und zeitigen Sommer nach Mandeln duftende, weiße Blüten in bis zu 20 cm langen, schwanzförmigen Trauben. Da sie bis zu 15 m hoch wird, benötigt sie viel Platz. Weder Zierpfirsiche noch Zierpflaumen erfordern regelmäßigen Schnitt, aber in Heckenform können P. x blireana, P. x cistena

und P. cerasifera (Kirschpflaume) jederzeit gestutzt werden – vorausgesetzt, sie blühen gerade nicht.

Pyrus salicifolia 'Pendula' (Weidenblättrige Birne) hat hängende Äste und wird bis zu 5 m hoch. Regelmäßige Schnittmaßnahmen sind nicht erforderlich, aber zu dichte Zweige sollten gelegentlich ausgelichtet und lange, dürre Zweige im Spätsommer gekürzt werden.

Salix (Weide) ist eine große Gattung und einige Arten, wie S. babylonica (Trauerweide), können stattliche Ausmaße annehmen. Außer dem gelegentlichen Ausschneiden abgestorbener Zweige ist kein weiteres Schneiden nötig. Einige Arten, wie S. alba ssp. Vitellina (Silberweide) und S. alba ssp. vitellina 'Britzensis', werden wegen ihrer bunten Blätter angepflanzt. Sie werden im Spätwinter oder zeitigen Frühjahr bis auf 5 bis 8 cm Bodenentfernung zurückgeschnitten.

Sorbus ssp. (Eberesche) wird über 6 m hoch. Im Winter, nachdem die Früchte abgefallen sind, wird dieser Baum ausgelichtet oder in Form geschnitten und von niedrigen Äste befreit.

Syringa ssp. (Flieder) trägt im Frühjahr und Frühsommer pyramidenförmige Blütenähren. Das Sortenspektrum ist groß und umfasst weiße, rosa oder rotviolette Blüten, gefüllt oder einfach, zum Teil duftend. Verblühte Blütenstände, schwache und quer wachsende Zweige werden im Winter ausgeschnitten. Vernachlässigter Flieder kann Mitte Frühling durch das Zurückschneiden der gesamten Pflanze auf 60 bis 90 cm über dem Boden verjüngt werden. Allerdings erscheint die nächste Blüte erst nach zwei oder drei Jahren. Schosser, die aus dem Stamm treiben, sollten Sie im Sommer entfernen.

Tamarix ssp. (Tamariske) ist eine Gattung mit bis zu 5 m hohen Sträuchern und Kleinbäumen. Nach der Blüte im Frühjahr wird T. tetrandra um die Hälfte bis zwei Drittel des vorjährigen Austriebs zurückgeschnitten. Die gegen Ende des Sommers blühende T. ramosissima (syn. T. pentandra) wird im Spätwinter oder zeitigen Frühjahr in gleicher Weise geschnitten.

Links: Dieser elegante Lorbeerbaum ist von einer gepflegten Buchsbaum-hecke umgeben.
Oben: Der Westliche Erd-beerbaum *(Arbutus unedo)* zeigt attraktive Blüten und Früchte.
Rechts: Die Stechpalme (*Ilex* x *altaclarensis* 'Golden King') sollte im Frühling in Form geschnitten werden.

DAS SCHNEIDEN VON IMMERGRÜNEN BÄUMEN

Immergrüne Laub- und Nadel-bäume sind das ganze Jahr über attraktiv. Einige der am weitesten verbreiteten Arten werden hier vorgestellt. Es gibt viele geeignete Bäume, aber Sie sollten immer ihre maximale Größe beachten, bevor Sie eine endgültige Wahl treffen. Manche der immergrünen Sträucher, die auf den Seiten 83 und 85 für Hecken empfohlen werden, erreichen unbeschnitten baumähnliche Ausmaße. In ge-mäßigten Zonen stellen Nadel-gehölze die Mehrzahl der immer-grünen Bäume. Sobald sie sich ausgeformt haben, benötigen sie nur noch wenig Pflege.

EMPFEHLENSWERTE PFLANZEN

Abies ssp. (Tanne) ist eine 20 m hohe Konifere (teilweise noch höher), die aber auch als Zwergform, z. B. *A. balsamea* f. *hudsoniana*, (Balsamtanne) vorkommt. Wählen Sie eine Größe, die zu Ihrem Garten passt. Achten Sie darauf, dass Jungpflanzen nur einen Leittrieb besitzen. Im Frühling können Sie einen zweiten Leittrieb sowie in der Nähe befindliche Seitentriebe entfernen.

Araucaria araucana (Andentanne) wird nicht geschnitten. Erwachsene Bäume werden ca. 20 m hoch.

Arbutus unedo (Westlicher Erdbeerbaum) wird gerne wegen seiner attraktiven Rinde gepflanzt. Im Frühling werden dürre Zweige ausgeschnitten. Zweige, die den schönen Stamm verdecken, sollten ebenfalls entfernt werden. Diese immergrünen Bäume werden ca. 8 m hoch.

Calocedrus decurrens (syn. *Libocedrus decurrens*; Kalifornische Flusszeder) ist eine schmale, aufrechte, bis zu 40 m hohe Konifere. Achten Sie darauf, dass nur ein Leittrieb heranwächst.

Cedrus ssp. (Zeder) wird bis zu 40 m hoch. Achten Sie darauf, dass diese Konifere nur einen Leittrieb besitzt. Alte Äste werden im Spätwinter oder zeitigen Frühjahr entfernt, ohne die Baumform zu beeinträchtigen.

Chamaecyparis ssp. (Scheinzypresse) sind in der Regel aufrechte, bis zu 40 m hohe Koniferen, von denen aber auch Zwergformen und kompakte Züchtungen erhältlich sind. Vermeiden Sie gegabelte Spitzen und schneiden Sie sie – falls nötig – in der Frühlingsmitte.

Cryptomeria (Sicheltanne) wird bis zu 10 m hoch und benötigt kein regelmäßiges Schneiden. Gegabelte Spitzen werden im Frühjahr ausgeschnitten.

x *Cupressocyparis leylandii* (syn. *Cupressus leylandii*) (Leylands Scheinzypresse) ist eine große, bis zu 35 m hohe Konifere. Ausgeformte Pflanzen (sie sollten nur einen Leittrieb haben) benötigen keinen regelmäßigen Schnitt. Wenn man die Pflanze kürzen möchte, sollte man dies im Frühjahr tun.

Cupressus ssp. (Zypresse) wird nicht regelmäßig geschnitten (außer der Leittrieb im Frühjahr – falls nötig). Große Arten werden bis zu 30 m hoch.

Ilex ssp. (Stechpalme), von der es sowohl immergrüne als auch Laub abwerfende Arten gibt, wird nur im Frühling in Form geschnitten. Besonders große oder dürre Pflanzen können gegen Frühlingsende stark zurückgeschnitten werden. Panaschierte Stechpalmen sorgen das ganze Jahr über für Farbe. *Ilex aquifolium* (Gewöhnliche Stechpalme) weist viele panaschierte Sorten auf. Manche, wie *I. aquifolium* 'Ferox Argentea', besitzen bunte Blätter mit gekräuselten, stacheligen Oberflächen.

Juniperus ssp. (Wacholder) muss nicht geschnitten werden. Achten Sie darauf, dass diese Konifere nur einen Leittrieb hat. Die Arten sind sehr unterschiedlich: Manche werden bis zu 20 m, Zwergformen nur ca. 60 cm hoch.

Laurus nobilis (Lorbeer) ca. 12 m hoch, wird als Solitärbusch oder Hochstamm in Rabatten und Kübeln angepflanzt. Im Sommer sollte er zwei- oder dreimal mit der Gartenschere gestutzt werden. Vernachlässigte und alte Sträucher werden durch starken Rückschnitt im Spätfrühjahr verjüngt.

Magnolia ssp. (Magnolie) werden – wenn es sich um Laub abwerfende Arten handelt – nicht geschnitten, da ihre Wunden nicht gut heilen. Die immergrüne *M. grandiflora* (Grossblütige Magnolie) wird im Frühjahr geschnitten. *M. x soulangeana* (Tulpen-Magnolie) bildet einen ausladenden, bis zu 6 m hohen Baum oder großen Strauch mit weißen, ca. 15 cm breiten Blütenkelchen im Frühling vor dem Erscheinen der Blätter. Vor dem Öffnen sind die Blüten an ihrer Basis rosaviolett gefleckt.

Picea (Fichte) kann bis zu 40 m hoch werden und gibt hübsche Solitärpflanzen ab. Es sollte nur ein Leittrieb vorhanden sein.

Pinus (Kiefer) umfasst bis zu 100 Arten mit einem breiten Spektrum an verschiedenen Wuchsformen und Nadelfärbungen. Manche Arten werden bis zu 30 m hoch, aber es gibt auch etliche Zwergformen, z. B. *P. mugo* (Bergkiefer). Regelmäßiges Schneiden ist nicht nötig. Wird der Leittrieb beschädigt, entfernt man alle sich darunter befindlichen Zweige mit Ausnahme des stärksten.

Prunus laurocerasus (Kirschlorbeer) ist ein immergrüner Strauch, der unbeschnitten bis zu 8 m hoch wird. Es gibt viele attraktive Züchtungen. Große Pflanzen werden gegen Frühlingsende oder Sommeranfang mit der Baumschere zurückgeschnitten.

Taxus ssp. (Eibe) wird nicht regelmäßig geschnitten, aber Schosser sollten vom Stamm entfernt werden. Dies ist zu jeder Jahreszeit möglich. Eiben werden wegen ihrer dunklen Nadeln geschätzt und in kleinen Gärten betonen spitzgipflige Sorten die Vertikale.

Thuja ssp. (Lebensbaum) wird außer einem eventuell vorhandenen zweiten Leittrieb nicht beschnitten.

Tsuga ssp. (Hemlocktanne) kann bis zu 20 m und höher werden, aber auch kompaktere Zwergformen sind erhältlich. Man kann zwischen verschiedenen Nadelfärbungen wählen. Achten Sie darauf, dass sich nur ein Leittrieb entwickelt.

5 HECKEN

Hecken spielen im Garten sowohl eine funktionelle als auch eine ästhetische Rolle. Im Mittelalter pflanzte man Hecken entlang der Gehöftgrenzen, um Tiere und ungebetene Gäste fern zu halten. Später wurden mit niedrigen Buchsbaumhecken Beete und Grünanlagen eingerahmt. Auch heute noch haben Hecken die Funktion, ein Grundstück oder einen Garten abzugrenzen. Daneben gibt es frei wachsende Hecken, die allein wegen ihres hübschen Laubwerks oder ihrer Blütenpracht angelegt wurden. Lavendel *(Lavandula)* bildet z. B. eine attraktive, duftende Hecke. Darüber hinaus kann man mit Hecken verschiedene Bereiche eines Gartens voneinander abtrennen oder einen Weg flankieren. Doch unabhängig davon, zu welchem Zweck eine Hecke gepflanzt wurde: Während der Wachstumsperiode sind rechtzeitige Schnittmaßnahmen und regelmäßige Pflege unumgänglich.

Unten links: Dieser Buchsbaum *(Buxus sempervirens)* wurde in Pyramidenform geschnitten und vermittelt zwischen den niedrigen Beetpflanzen und den hohen Sträuchern.

Links: Die Rotbuche *(Fagus sylvatica* f. *purpurea)* wird gerne gepflanzt, um Abgrenzungen innerhalb einer Anlage zu schaffen.

Das Angebot an Heckenpflanzen ist groß: Arten, die für den Formschnitt vorgesehen sind, werden in der Regel wegen ihres dekorativen, gleichmäßig geformten Laubwerks angepflanzt. Naturnahe Hecken mit ihren unregelmäßigen Formen schätzt man wegen ihrer schönen Blätter, Blüten oder Beeren. Geeignet sind sowohl Nadelgehölze als auch Laub abwerfende und immergrüne Sträucher.

In der Mitte des 20. Jahrhunderts bevorzugte man den goldblättrigen Liguster *(Ligustrum* ssp.*)*. Heute ist die Auswahl weitaus größer. Am beliebtesten sind immer noch immergrüne Sträucher und Koniferen mit attraktiven Blättern und Nadeln, obwohl in zunehmendem Maße Blühsträucher verwendet werden.

Der Trend geht weg von umfriedeten Vorgärten, für die gerne Liguster verwendet wird, und hin zu offenen Anlagen. Eine ausgewachsene Ligusterhecke wird bis zu 90 cm tief, hat also einen enormen Platzbedarf und laugt außerdem den Boden aus. Trotzdem ist sie als Sichtschutz, an stärker frequentierten Straßen oder in windigen Lagen von unschätzbarem Wert. Bei der Neuanlage eines Gartens an einem ungeschützten Standort ist sie oft das Erste, was in Angriff genommen wird.

Viele Jahre lang bevorzugte man in ländlichen Gegenden Weißdorn *(Crataegus monogyna)* als Umfriedung, da seine Dornen Tiere fern halten und seine weißen, stark duftenden Blüten im Frühjahr ein willkommenes

Schauspiel bieten. In städtischen Gärten pflanzt man gerne den immergrünen Steinlorbeer *(Viburnum tinus)*, der vom Spätherbst bis zum Spätfrühling bzw. Frühsommer blüht (siehe Seite 78–79).

In Ländern mit mediterranem Klima bildet der Chinesische Roseneibisch *(Hibiscus rosa-sinensis)* wunderschöne Hecken, während in den gemäßigten Zonen Andenstrauch, Lavendel, Fingerkraut, Rhododendron, Rosen und Rosmarin für farbenfrohe, stark duftende Hecken sorgen.

Die hohe Kunst des Formschnitts wurde schon vor 2000 Jahren praktiziert. Man findet ihn nicht nur in Bauerngärten, sondern auch in großen Schloss- und Parkanlagen. Vor allem im Zeitalter des Barock hatten die grünen Skulpturen Hochkonjunktur. Ob man Sträucher und Bäume in Form schneidet oder sie wachsen lässt, wie es ihrer Natur entspricht, ist eine Frage des Zeitgeschmacks. Eine Zeit lang war der Formschnitt nicht sehr beliebt; in letzter Zeit ist er jedoch wieder in Mode gekommen. Auf den Seiten 86–87 finden sich einige einfache Anleitungen.

HECKEN REGELMÄSSIG PFLEGEN

Hecken gehören zu den am meisten vernachlässigten Pflanzen, obwohl sie sowohl in der Jugend als auch als ausgewachsene Pflanze regelmäßig gepflegt und geschnitten werden müssen. Darüber hinaus müssen sie in gewissen Abständen gedüngt werden. Viele Laub- und Nadelgehölze können zur Heckenbildung angeregt werden. Dabei spielt es keine Rolle, ob es sich um immergrüne, halb immergrüne oder Laub abwerfende Pflanzen handelt. Abhängig davon, ob sie als hohe Sichtschutzmauer oder als niedrige Abgrenzung von Wegen, Kräuter- und Blumenbeeten dienen sollen, müssen sie mehr oder weniger stark zurückgeschnitten werden.

Relativ wenig Arbeit macht eine Hecke aus Bambus. Dieser bildet eine dichte Trennwand, die nicht geschnitten werden muss. Nur beschädigte Sprossen werden entfernt. Dies kann z. B. im Winter der Fall sein, wenn sie durch das Gewicht des Schnees geknickt wurden. Der Metakebambus *(Pseudosasa japonica)* wird etwa 4,5 m hoch und besitzt dunkle, glänzend grüne Blätter. Der dunkelgrüne Schirmbambus *(Fargesia nitida* syn. *Arundinaria nitida)* ist weniger wüchsig und besitzt violette Sprossen und leuchtend grüne Blätter. Der Zwergbambus *(Sasa veitchii)* eignet sich für niedrige Hecken, da er nur ca. 2 m hoch wird.

In Form geschnittene Hecken weisen in der Regel einen symmetrischen, klaren Umriss auf und werden meist aus immergrünen Koniferen, kleinblättrigen, immergrünen Sträuchern oder Laub abwerfenden Sträuchern gebildet. Zu Letzteren gehören unter anderem Rotbuche *(Fagus sylvatica)*, Hain- oder Weißbuche *(Carpinus betulus)* und Weißdorn *(Crataegus monogyna)*. Auf der nächsten Seite zeigen wir Ihnen, wie man mit einfachen Hilfsmitteln eine gleichmäßige Form schafft. Schwieriger ist das Schneiden von asymmetrischen Figuren, an die man sich nur wagen sollte, wenn man bereits etwas Erfahrung hat.

SO WIRD AUS EINEM STRAUCH EINE HECKE

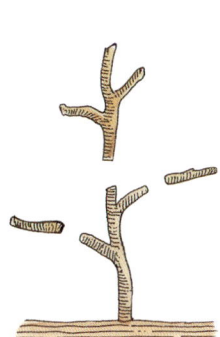
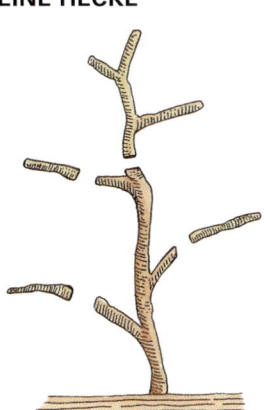
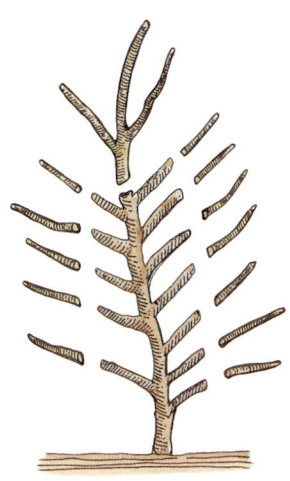

1 Laub abwerfende Pflanzen müssen, wenn sie in Form gebracht werden sollen, nach dem Pflanzen um ca. die Hälfte – einschließlich der Seitenzweige – zurückgeschnitten werden. Pflanzen mit nackten Wurzeln werden vom Spätherbst bis zeitigen Frühjahr gepflanzt, Topfpflanzen jederzeit.

2 Im darauf folgenden Jahr schneiden Sie vom Spätherbst bis zum zeitigen Frühjahr wiederum die Leit- und Nebentriebe um die Hälfte zurück. Diese rigorose Maßnahme ist unbedingt notwendig, denn wenn kein starker Rückschnitt erfolgt, wird der untere Teil der Hecke unansehnlich und entwickelt nur wenige Zweige und Blätter.

3 Schneiden Sie im dritten Winter alle neuen Triebe um ein Drittel zurück. In der darauf folgenden Saison entstehen buschige Zweige, die eine dichte Blätterwand bilden. Eine junge Hecke sollte regelmäßig gewässert und im Frühjahr gedüngt werden, um den Austrieb neuer Triebe zu fördern.

Formschnitt

Freihändig wird man nur schwer eine symmetrische, ebenmäßige Form erzielen. Für eine gleichmäßige Höhe spannt man über eine kurze Entfernung zwischen zwei Pfosten eine straffe Schnur. Für eine runden oder eckigen Umriss benutzt man eine Schablone aus festem Karton oder Holz.

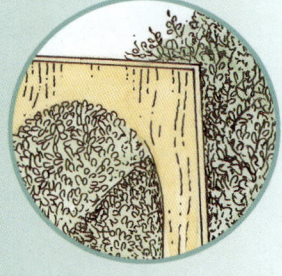
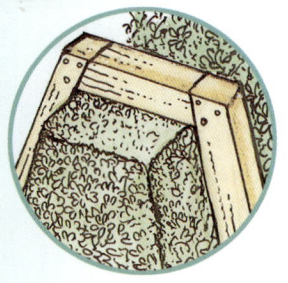

Links: Der Buchsbaum *(Buxus sempervirens)* gehört zu den Hecken, die stark zurückgeschnitten werden können.
Rechts: Die Blutjohannis-beere *(Ribes sanguineum)* bildet eine farbenfrohe, naturnahe Hecke.

VERJÜNGUNGS-SCHNITT

In alten Gärten werden Hecken oft vernachlässigt, wachsen aus und verkahlen von unten. Sie dringen in Beete und Rabatten ein und bedrängen benachbarte Pflanzen. Der Boden ist ausgelaugt und es kann nur noch wenig Licht einfallen. Neben alten, vertrockneten Blättern und Zweigen breitet sich Unkraut aus.

Doch durch einen radikalen Verjüngungsschnitt kann man die Hecke wieder zu neuem Leben erwecken.

Eine zu breite Hecke wird im Frühjahr stark zurückgeschnitten. Wem diese Maßnahme zu rigoros erscheint, kann den Schnitt auf zwei oder drei Jahre verteilen. Schneiden Sie im ersten Jahr den obersten Bereich auf die gewünschte Höhe zurück, im zweiten Jahr die Vorder- oder Rückseite. Die Abfälle, die bei einem Heckenschnitt anfallen, können in der Regel nicht kompostiert werden – es sei denn,

Das Schneiden kleinblättriger Hecken

Eine kleinblättrige Hecke wie Liguster *(Ligustrum* ssp.*)* wird gewöhnlich mit einer Gartenschere geschnitten. Moderne Gartenscheren sind leichter zu benutzen als frühere Modelle, da sie Handgelenke und Hände nicht so stark belasten. Manchen Gärtnern fällt ihr Gebrauch dennoch schwer, besonders bei einer großen Hecke. Die Alternative sind elektrische Gartenscheren, von denen manche auf beiden Seiten schneiden, andere nur an einer. Bei großen Entfernungen zum Stromanschluss kann ein Akkugerät verwendet werden. Tragen Sie Ohrenschützer und eine Schutzbrille.

Sie besitzen einen Häcksler. Oft ist es besser, sie zu verbrennen oder zu einer öffentlichen Sammelstelle für Gartenabfälle zu bringen.

Nachdem die Hecke geschnitten und das Unkraut entfernt wurde, bringen Sie einen Dünger aus, um den Neuaustrieb anzuregen und Unkräuter zu unterdrücken. Feuchte Böden werden gemulcht.

Zu den Heckenpflanzen, die einen starken Rückschnitt vertragen und nachwachsen, gehören: Japanischer Lorbeer *(Aucuba japonica)*, Rotbuche *(Fagus sylvatica)*, Buchsbaum *(Buxus sempervirens)*, Ölweide *(Elaeagnus,* Laub abwerfende Arten), Forsythie *(Forsythia* x *intermedia),* Stechginster *(Ulex europaeus)*, Weißdorn *(Crataegus monogyna)*, Kalifornischer Liguster *(Ligustrum ovalifolium)*, Feuerdorn *(Pyracantha* ssp.*)*, Rhododendron und Gemeine Eibe *(Taxus baccata)*.

Rosmarin *(Rosmarinus officinalis)* und Echter Lavendel *(Lavandula angustifolia)* werden oft für Einfassungen, besonders bei Kräutergärten, verwendet.

Beide werden groß und dürr, wenn sie nicht jährlich gestutzt werden. Wenn man ins alte Holz schneiden muss, entwickeln sich keine neuen Triebe. In diesem Fall werden die Pflanzen besser durch neue ersetzt als stark zurückgeschnitten. Gleichzeitig sollte ein Teil des Bodens erneuert werden. Junge Pflanzen werden zur Frühlingsmitte geschnitten. In den Folgejahren entfernen Sie

2 bis 3 cm des vorjährigen Austriebes, um eine buschige, gleichmäßige Form zu erhalten.

Mit Ausnahme der Gemeinen Eibe *(Taxus baccata)* sollten ausgewachsene Koniferen nicht rigoros zurückgeschnitten werden, denn dies würde sie vollkommen ruinieren. Die Spitzen junger Koniferenhecken können abgeschnitten werden, sobald die gewünschte Höhe erreicht ist.

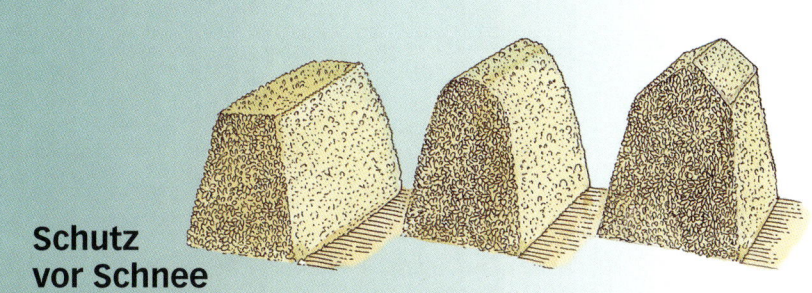

Schutz vor Schnee

Regen reinigt Hecken von Staub und Schmutz, aber heftige Schneefälle verursachen oft nicht wieder gutzumachende Schäden, da Zweige unter dem Gewicht des Schnees brechen und Äste nach außen gebogen werden. Wählen Sie in kälteren Regionen statt einer rechteckigen Oberfläche lieber eine abgerundete oder abgeschrägte Form, damit der Schnee leichter abfallen kann.

Links: Die Kombination von zwei verschiedenen Buchen-arten *(Fagus)* ergibt einen interessanten Farbkontrast.
Unten: Das Strauchfinger-kraut *(Potentilla fruticosa 'Katherine Dykes')* ist im Sommer über und über mit blassgelben Blüten bedeckt.
Unten rechts: Die Berbe-ritze *(Berberis)* wird im Winter in Form gebracht.

LAUB ABWERFENDE HECKENPFLANZEN

Nicht jeder denkt zuerst an Laub abwerfende Pflanzen, wenn er eine Hecke anlegen möchte. Immergrüne Pflanzen sorgen das ganze Jahr über für eine blick-dichte Blätterwand und werden daher bevorzugt ausgewählt, wenn man einen Sichtschutz braucht.

Die Schönheit und der Wert von Laub abwerfenden Hecken sollte dennoch nicht übersehen werden, besonders dort, wo Teile eines Gartens abgetrennt werden. Einige geeignete Pflan-zen werden hier aufgeführt, unter anderem zwei der zu-verlässigsten und attraktivsten Heckenpflanzen, die wir kennen: Rotbuche *(Fagus sylvatica)* und Weißdorn *(Crataegus monogyna)*.

EMPFEHLENSWERTE PFLANZEN

***Berberis thunbergii* (Hecken-berberitze)** ist ein dichter, runder Strauch, der im Winter nach dem Fall der Beeren in Form geschnitten wird. *B. thunbergii* 'Atropurpurea Nana' hat rotviolette Blätter. Immergrüne Arten werden auf Seite 83 beschrieben.

***Carpinus betulus* (Hainbuche)** ist von eher unregelmäßiger Gestalt und entwickelt sich unbeschnitten zu einem kleinen Baum. Im Mittsommer wird die Hainbuche in Form geschnitten.

***Crataegus monogyna* (Weiß-dorn)** ist eine traditionelle Heckenpflanze, deren Dornen unwillkommene Gäste fern halten. Nach der Blüte kann sie bis zum Winter mit der Gartenschere in Form geschnitten werden. Vernachlässigte Weißdornhecken werden im Spätsommer zurückgeschnitten. Auch nach einem starken Rückschnitt werden sie im Folgejahr bald wieder austreiben.

***Fagus sylvatica* (Rotbuche)** bildet eine relativ hohe, dichte Hecke mit einer wunderschönen Herbstfärbung. Nach dieser dauert es noch Monate, bis alle Blätter abgefallen sind. Frisch gepflanzte Hecken müssen sofort um die Hälfte bis ein Viertel zurückgeschnitten werden, um den Austrieb von unten zu fördern. Ausgewachsene Pflanzen können im Mitt- oder Spätsommer mit einer Hand- oder elektrischen Heckenschere in Form geschnitten werden. Bei der Endscheidung für diese Pflanze sollte man sich bewusst sein, dass sie eine stattliche Größe erreichen kann. Wem das Schneiden zu beschwerlich ist und ihr ungern von einer Leiter aus zu Leibe rückt, sollte sich besser für eine andere Heckenpflanze entscheiden.

***Hippophae rhamnoides* (Sand-dorn)** ist ein großer Strauch, der sich unbeschnitten zu einem kleinen Baum entwickelt. Im Spätsommer können lange und dürre Triebe abgeschnitten werden.

***Potentilla fruticosa* (Strauch-fingerkraut)** eignet sich für Rabatten und als Hecke. Nach der Blüte werden mit einer Baumschere die Spitzen gestutzt und alte und schwache Triebe am Boden abgeschnitten, um einen neuen Austrieb zu fördern. *P. fruticosa* 'Katherine Dykes' entwickelt sich zu einem ca. 1,5 m breiten, kuppelförmigen Strauch. Fast den ganzen Sommer lang ist sie von großen, Butterblumen ähnelnden, blassgelben Blüten übersät.

Prunus x cistena ist ein aufrecht und langsam wachsender Strauch mit rötlich violetten Blättern und weißen Blüten im Frühjahr. Im Spätfrühling wird er nach der Blüte mit einer Baumschere in Form geschnitten.

***Rhododendron luteum* (Gelbe Alpenrose)** ist eine Laub abwerfende Azalee. Ihre wunderschönen, duftenden, gelben Blüten zeigen sich im Spätfrühling und zeitigen Sommer. Im Herbst verfärben sich die Blätter zu einem satten Scharlachrot. In einem naturnahen Garten wird die Gelbe Alpenrose gern als Solitärpflanze gesetzt; noch besser wirkt sie im Hintergrund als Hecke. Obwohl sie weit verbreitet und manchen Gärtnern zu „gewöhnlich" ist, ändert dies nichts an ihrem attraktiven Äußeren. Der Boden muss sauer sein. Regelmäßiges Schneiden ist nicht erforderlich. Nach der Blüte werden lediglich abgestorbene oder quer wachsende Zweige entfernt.

***Symphoricarpos x doorenbosii* 'White Hedge'** ist eine kompakte und aufrechte Form der Schneebeere. Zu stark wuchernde Hecken werden im Winter ausgedünnt. Ausgewachsene Hecken müssem während des Sommers mehrere Male mit einer Baumschere gestutzt werden.

***Tamarix ramosissima* (syn. *T. pentandra*; Tamariske)** bevorzugt ein mildes Klima. In Küstennähe bietet eine Tamarisken-Hecke einen idealen Windschutz. Frisch gesetzte Pflanzen werden auf etwa 30 cm Höhe abgeschnitten. Die Spitzen der Seitenzweige werden gestutzt, wenn sie 15 cm lang sind. Bei ausgewachsenen Pflanzen schneiden Sie im Spätwinter oder zu Frühlingsbeginn die Triebe des Vorjahres bis auf ca. 15 cm vom Stammansatz entfernt ab. In warmen Küstenregionen kann die Tamariske früher geschnitten werden als im Inland.

Links: Diese ungewöhnliche Hecke aus Rosmarin *(Rosmarinus)* und Buchsbaum *(Buxus)* passt gut in einen streng gegliederten Garten.
Rechts: Die Eskallonie – mit Lavendel und Heidekraut im Vordergrund – gibt eine farbenfrohe, naturnahe Hecke ab.

IMMERGRÜNE HECKENPFLANZEN

Manche immergrüne Hecken werden wegen ihrer attraktiven Blätter gepflanzt wie z. B. der Japanische Lorbeer *(Aucuba japonica)*. Andere wiederum überzeugen durch ihre schönen Blüten. Hierzu gehört beispielsweise der Steinlorbeer *(Viburnum tinus)*.

Großblättrige immergrüne Sträucher, die frei wachsende Hecken bilden, müssen in der Anfangsphase nur wenig geschnitten werden. Lediglich lange Triebe sollten kurz über dem Blattgelenk abgeschnitten werden. Ein buschiges Wachstum und kräftige Triebe

werden durch regelmäßiges Stutzen der Spitzen gefördert. Schneiden Sie gleichzeitig kranke Triebe aus. Hat die Hecke im zweiten Jahr keine buschige Form entwickelt, schneiden Sie einige Triebe zurück, damit sich die Seitenzweige besser entwickeln können.

Immergrüne richtig schneiden

Großblättrige immergrüne Sträucher sollten mit scharfen Astscheren geschnitten werden und nicht mit Gartenscheren, die die Blätter nur teilen. Schneiden Sie die Zweige bis direkt über dem Blattgelenk zurück. Die neuen Triebe verbergen die Schnittstelle. Es sollte kein Stängelrest übrig bleiben, da dieser nicht nur unansehnlich ist, sondern auch die Ursache von Spitzendürre sein kann.

EMPFEHLENSWERTE PFLANZEN

***Aucuba japonica* (Japanischer Lorbeer)** benötigt keinen Rückschnitt außer dem Entfernen (mit einer Baumschere) alter Zweige im Frühling.

***Berberis darwinii* (Darwins Berberitze)** ist eine starkwüchsige Pflanze. Im Frühsommer nach der Blüte schneiden Sie mit der Baumschere lange Triebe zurück, um eine gleichmäßige Form und Dichte zu erhalten. Mit der Hybride *B.* x *stenophylla* verfahren Sie auf die gleiche Weise. Diese hat überhängende Zweige, schmale, dunkelgrüne Blätter und im Frühjahr und Frühsommer goldgelbe Blüten. Darwins Berberitze bildet eine große, bis zu 1,8 m hohe und 1,5 m breite Hecke und eignet sich vor allem als frei wachsende Hecke, für strenge Formen ist sie nicht die richtige Pflanze.

***Buxus microphylla* (Kleinblättriger Buchsbaum)** wächst sehr langsam. Mit seinen glänzenden, runden Blättern und seiner kompakten Form eignet er sich gut als Randbepflanzung in Kräuter- oder Kreuzgärten oder als Einfassung von Wegrändern. *B. sempervirens* 'Suffruticosa' (Gemeiner Buchsbaum) ist eine Zwerghecke, die bis zu 30 cm hoch und 25 cm breit werden kann – unbeschnitten erreicht sie eine Höhe von mehr als 1 m. Schnittzeitpunkt ist der Spätsommer oder Frühherbst.

***Cotoneaster lacteus* (Zwergmispel)** ist ein dichter Strauch. Nach der Blüte schneiden Sie alle langen und diesjährigen Triebe bis zu dem Punkt ab, an dem sich die Früchte entwickeln werden. *C. simonsii* ist halb immergrün (in kalten Gegenden Laub abwerfend) und von aufrechtem Wuchs. Immergrüne Hecken werden im Spätwinter oder zeitigen Frühjahr mit der Baumschere geschnitten, Laub abwerfende im Spätsommer oder zeitigem Herbst.

***Escallonia* (Eskallonie),** manchmal halb immergrün, bildet dichte Hecken. Ausgewachsene Pflanzen werden nach der Blüte stark zurückgeschnitten. Leichtes Schneiden führt zu reichlichem Blütenflor. *E.* 'Donard Seedling' ist leicht frostempfindlich. An den langen, überhängenden Zweigen erscheinen vom Früh- bis zum Mittsommer rosa Blüten.

***Ilex* (Stechpalme)** umfasst einige Arten, die ausgezeichnete Hecken abgeben und sich gut als Windschutz eignen. Hecken von *I.* x *altaclerensis* (Garten-Ilex) und *I. aquifolium* (Gewöhnliche Stechpalme) werden mit der Baumschere Mitte Frühling geschnitten. *I. aquifolium* 'Golden Queen' ist winterhart und wird bis zu 3 m hoch und 1,2 m breit. Die glänzenden Blätter weisen goldene Ränder auf.

***Lavandula angustifolia* (Echter Lavendel)** bildet liebliche, duftende, naturnahe Hecken. Neu gepflanzte Hecken werden lediglich ausgeknipst. Ausgewachsene Hecken schneidet man Anfang bis Mitte Frühling in Form. Dürre Pflanzen sollten stark zurückgeschnitten werden (siehe auch Seite 79).

***Ligustrum ovalifolium* (Kalifornischer Liguster)** ist eine weit verbreitete Heckenpflanze. Ausgewachsene Hecken werden mehrmals im Sommer mit der Gartenschere gestutzt. *L. ovalifolium* 'Aureum' ist weniger wüchsig, aber auch in kälteren Regionen immergrün. In der Jugend muss er stärker geschnitten werden. Viele Ligusterarten haben glänzende, gelbe Blätter (mit oder ohne einem grünen Zentrum). Bei gemischten Hecken setzen Sie zwei gelbe Pflanzen neben eine grüne.

***Lonicera nitida* (Immergrüne Strauch-Heckenkirsche)** ist wie der Liguster weit verbreitet. Eine frisch gepflanzte Hecke wird um die Hälfte zurückgeschnitten. Im nächsten Jahr sollte sie mehrmals gestutzt werden und in den Folgejahren kürzt man die Jungtriebe um die Hälfte. Genauso wird mit *L. nitida* 'Baggesen's Gold' verfahren.

***Prunus laurocerasus* (Kirschlorbeer)** ist ein dichter Strauch, der im späten Frühjahr oder Spätsommer gestutzt werden sollte. Zu große Hecken werden im Frühjahr stark zurückgeschnitten. *P. lusitanica* (Portugiesischer Kirschlorbeer) wird genauso behandelt.

***Pyracantha rogersiana* (Feuerdorn)** ist ein stark ausladender Strauch mit schmalen Blättern. Im Frühsommer erscheinen weiße Blütentrauben, denen im Herbst und Winter orangerote Beeren folgen. *P. rogersiana* 'Flava' zeigt leuchtend gelbe Beeren. Nach dem Pflanzen wird der Feuerdorn um die Hälfte zurückgeschnitten. In den folgenden Sommern kürzt man die jungen Triebe um ca. 15 cm. Ausgeformte Pflanzen werden im Frühsommer geschnitten. Je stärker der Schnitt, desto weniger Beeren wird die Hecke im Herbst tragen.

***Rosmarinus officinalis* (Rosmarin)** blüht vor allem im Spätfrühjahr und Frühsommer, aber oft auch bis in den Herbst. Er entwickelt sich zu einem prächtigen Strauch mit aromatischen, dunkelgrünen Blättern und malvenfarbenen Blüten. *R. officinalis* 'Miss Jessopp's Upright' ist wuchsfreudiger und größer und hat hellblaue Blüten. Abgestorbene, dürre und störende Zweige werden im Frühling geschnitten. Ausgewachsene Pflanzen sollte man in der Frühlingsmitte zurückschneiden (siehe Seite 79).

***Viburnum tinus* (Steinlorbeer)** benötigt keinen regelmäßigen Schnitt. Nach der Blüte schneidet man lediglich mit einer Baumschere alle abgestorbenen und störenden Zweige ab.

HECKEN AUS NADELGEHÖLZEN

Immergrüne Koniferen, wie Leylands Scheinzypresse *(x Cupressocyparis leylandii)*, Lawsons Scheinzypresse *(Chamaecyparis lawsoniana)* und der Riesenlebensbaum *(Thuja plicata)* sind ausgezeichnete Heckenpflanzen. Einige der beliebtesten und nützlichsten Heckenkoniferen werden auf der gegenüberliegenden Seite beschrieben. Sobald die Leittriebe 15 bis 30 cm über die gewünschte Höhe reichen, schneiden Sie die Spitzen bis etwa 15 cm unterhalb dieses Punktes ab. So bildet die Hecke auf natürliche Weise einen buschigen, dichten Abschluss und schießt nicht unkontrolliert übers Ziel hinaus.

Rechts: Verschiedenfarbige Zypressen *(Chamaecyparis)* bilden eine dichte, auffällig gemusterte Wand.
Oben: Die Gemeine Eibe *(Taxus baccata)* dient schon seit Hunderten von Jahren als Heckenpflanze.

EMPFEHLENSWERTE PFLANZEN

***Chamaecyparis lawsonia* (syn. *Cupressus lawsonia*; Lawsons Scheinzypresse)** wird gerne als Hecke gepflanzt. Man bekommt sie in den unterschiedlichsten Farben und Formen. Um die Höhe zu begrenzen, schneiden Sie die Spitze ca. 15 cm unterhalb der gewünschten Höhe ab. Dies regt die Bildung von Seitentrieben an. Wenn Sie die Pflanzen 60 cm oder höher über die gewünschte Höhe wachsen lassen, wird der Wuchs immer lichter und spärlicher. Schneiden Sie Koniferen, solange sie jung sind, denn zu diesem Zeitpunkt können im oberen Bereich noch Lücken geschlossen werden.

x *Cupressocyparis leylandii* (syn. *Cupressus leylandii*; Leylands Scheinzypresse) ist nur für größere Gärten geeignet. Diese Hecken schneidet man am besten im Spätsommer oder im zeitigen Herbst in Form. Um eine bestimmte Höhe zu erhalten, schneiden Sie die Pflanzen ca. 15 cm unterhalb der erstrebten Maße ab, damit sich genügend Seitentriebe entwickeln können. Die gelbblättrige Sorte x *C. leylandii* 'Castlewellan' (syn. x *C. l.* 'Galway Gold') ist weniger wüchsig und bildet einen hohen, dichten Windschutz. Geschnitten wird sie wie die gewöhnliche Leylands Scheinzypresse.

***Cupressus macrocarpa* (Montereyzypresse)** ist von schmalem, aufrechtem Wuchs. Junge Pflanzen werden mit der Gartenschere geschnitten. Später sind nur noch wenige Schnittmaßnahmen erforderlich. Schneiden Sie die Spitzen ca. 15 cm unterhalb der gewünschten Höhe ab, um die Bildung von Seitenzweigen zu fördern. Die attraktive *C. macrocarpa* 'Goldcrest' bildet eine hohe Hecke mit sattgelben, federartigen Blättern.

***Taxus baccata* (Gemeine Eibe)** findet seit Jahrhunderten als Heckenpflanze Verwendung. Die linearen, langen, dunkelgrünen Blätter bilden eine prächtige Einfassung und einen Windschutz für andere Gartenpflanzen, besonders für krautige Gewächse. Sobald Jungpflanzen eine Höhe von 30 cm Höhe erreicht haben, knipsen Sie die Spitzen aus, um ein buschiges Wachstum zu fördern. Dies sollte in den ersten Jahren mehrmals wiederholt werden. Später schneidet man sie im Spätsommer mit einer Handschere.

***Thuja occidentalis* (Abendländischer Lebensbaum)** mit seinen gelbgrünen Blättern wird im Spätsommer geschnitten. Soll die Größe begrenzt werden, schneiden Sie die Spitzen etwa 15 cm unterhalb der gewünschten Höhe ab. Dies regt das Wachstum von Seitentrieben an. *T. plicata* (Riesenlebensbaum) eignet sich für Formhecken und kann sogar in Bögen geschnitten werden. Die Blätter riechen nach Ananas und sind glänzend grün. Geschnitten wird der Riesenlebensbaum wie *T. occidentalis*.

FÜR DEN FORMSCHNITT GEEIGNETE PFLANZEN

Mehrere kleinblättrige Immergrüne bieten sich für einen Formschnitt an: Zu den zuverlässigsten
gehört der langsam wachsende
Gemeine Buchsbaum *(Buxus
sempervirens)* mit kleinen, glänzenden Blättern. Kleine bis
mittelgroße Figuren und bis zu
1,2 m hohe geometrischen Formen können aus Buchsbaum
geschnitten werden. Er wächst
gut in Kübeln und ist in verschiedenen Blattfarben erhältlich.

Der Kalifornische Liguster
(Ligustrum ovalifolium) hat glän-
zende Blätter und ist in kalten
Regionen halb immergrün. Es gibt
eine Sorte mit goldenen Blättern.
Liguster eignet sich nicht für
Kübel. Die Blätter sind größer als
die der immergrünen Strauch-
Heckenkirsche *(Lonicera nitida)*.
Letztere ist eine wuchsfreudige
Pflanze mit kleinen, glänzenden,
dunkelgrünen Blättern. Bis zu
75 cm hohe Figuren sind möglich.
Die Sorte *L. nitida* 'Baggesen's
Gold' hat goldene Blätter. Beide
können in Kübel gepflanzt werden.

Die Gemeine Eibe *(Taxus baccata)* ist eine kleinblättrige Konifere mit dunkelgrünen Blättern.
Sie eignet sich für bis zu 2,5 m
hohe Figuren und wächst gut
in Kübeln. Der Abendländische
Lebensbaum *(Thuja occidentalis)*
und seine vielen Sorten sind
für einfache, bis zu 1,5 m hohe
Formen empfehlenswert. Sie
können auch in Kübel gepflanzt
werden.

HECKEN IN FORM SCHNEIDEN

Formschnitt vermittelt ein Gefühl
von Romantik, egal, ob er in einer
streng gegliederten Grünanlage
oder einem Bauerngarten eingesetzt wird. Neben geometrischen
Formen können auch lebendige
Figuren, etwa ein Pfau aus
Buchsbaum *(Buxus sempervirens)*, gestaltet werden. Formschnitt macht nicht nur in großen
Dimensionen Spaß: Eine kleine
Kugel befriedigt den Anfänger
genauso wie eine Tierfigur den
erfahrenen Enthusiasten. Früher
schnitt man großblättrige Immergrüne wie z. B. Lorbeer *(Laurus
ssp.)* in Form, aber sie erwiesen
sich für Bauern- und andere
kleine Gärten zu groß. Zudem ist
es gar nicht so einfach, Lorbeer
zu schneiden, ohne die Blätter
zu beschädigen. Auch Laub abwerfende Pflanzen, wie Forsythie
oder Goldregen, sind für einen
Formschnitt geeignet. Eine im
Frühjahr blühende Hochstamm-
forsythie ist ein unvergesslicher
Anblick. Andererseits sind immergrüne Pflanzen das ganze Jahr
über interessant, besonders in
Gestalt von Vögeln und anderen
Tieren.

EINE EINFACHE FORM SCHNEIDEN

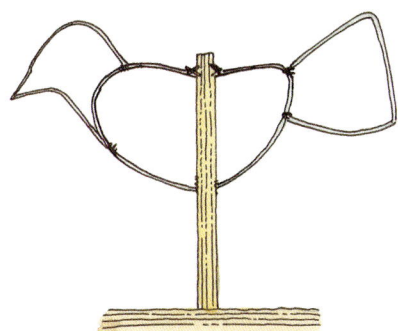

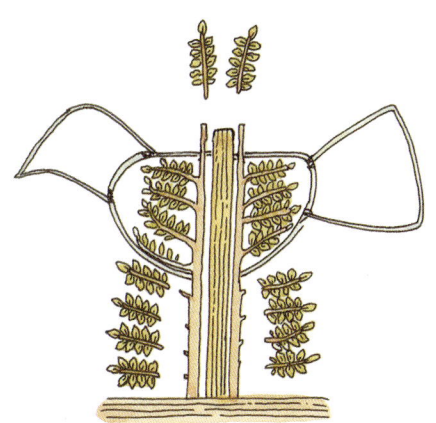

1 Seien Sie am Anfang nicht zu ehrgeizig. Eine Kugel oder ein einfacher Vogel sind besser als ein unförmiges Känguru. Geübte können freihändig arbeiten, aber Anfänger sollten eine Schablone aus Draht benutzen, die man am besten vor dem Pflanzen anbringt. Befestigen Sie den maximal 90 cm langen Rahmen an einem stabilen Pfosten. Daneben setzt man zwei Pflanzen.

2 Binden Sie die Pflanzen locker an den Pfosten, und zwar so hoch, dass sich die Spitzen etwa 23 cm über der Schablone befinden. Im Frühjahr werden die Spitzen sowie die unteren Zweige dicht am Stamm abgeschnitten. Drei oder vier Triebe an jeder Pflanze werden erst vertikal gezogen und dann um ein Drittel gekürzt. Anschließend lässt man sie horizontal weiterwachsen.

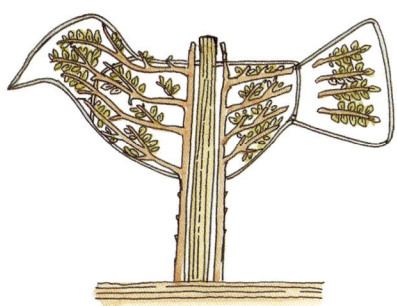

3 Sobald die horizontalen Triebe 15 cm länger als der mittlere Teil der Schablone sind, schneiden Sie sie zurück. Ein starker Schnitt fördert den Austrieb von Seitenzweigen. Es herrscht keine Eile, so schnell wie möglich das Ende des Rahmens zu erreichen. Es ist wichtiger, zunächst einen kräftigen und festen inneren Körper aufzubauen.

Einen Kegel schneiden

Für Anfänger eignen sich am besten einfache Formen, z. B. ein Kegel aus der Gemeinen Eibe *(Taxus baccata)* oder dem Abendländischen Lebensbaum *(Thuja occidentalis)*. Nehmen Sie nur eine Pflanze und befestigen Sie diese an einer Stütze. Sobald ein Trieb mehr als 15 cm aus der gewünschten Kegelform ragt, wird er abgeschnitten.

6 OBSTBÄUME

Wer nicht nur einen Ziergarten anstrebt, sondern auch Nutzen aus seinen gärtnerischen Bemühungen ziehen möchte, wird sicherlich den einen oder anderen Obstbaum pflanzen. Die meisten sind frei stehende Büsche oder Bäume, die höchstens einen stabilen Stab als Stütze brauchen. Kordons und Spaliere benötigen dagegen aufgespannte Drähte, die zwischen Pfosten oder an einer Wand befestigt werden. Da in den meisten Gärten wenig Platz ist, sind Hoch- bzw. Halbstämme weniger empfehlenswert. Stattdessen sollte man Büsche oder Bäumchen, die an Spalieren gezogen werden, bevorzugen.

Obstbäume geben in gemäßigten Zonen einen ebenso reichen Ertrag ab wie ihre Brüder in südlicheren Gefilden. Doch wohin mit dem vielen Obst? Zum Glück lassen sich viele Früchte längere Zeit lagern. Dies gilt besonders für bestimmte Apfelsorten, die nach dem Pflücken im Spätsommer oder Herbst bis in das nächste Jahr gelagert werden können.

Für eine reiche Ernte ist ein jährlicher Schnitt unerlässlich, besonders bei Obstbäumen, die an Wänden oder Drahtgerüsten erzogen werden. Erzieht man die Äste horizontal oder in einem 45-Grad-Winkel, wird die Fruchtbildung früher angeregt, als wenn sie in natürlicher Weise wachsen dürfen. In beiden Fällen ist ein artenspezifischer, regelmäßiger Rückschnitt erforderlich.

Versuche an Apfelbäumen zeigen, dass ein ungeschnittener Baum früher Früchte trägt als ein geschnittener oder zu einer Krone erzogener Baum. Werden Bäume aber über längere Zeit vernachlässigt und nicht geschnitten, vermindert sich die Qualität, Quantität und Größe der Früchte rapide. Das Geäst wird immer dichter: Die Zweige kommen sich gegenseitig in die Quere,

lassen Luft und Licht außen vor und sind anfällig für Krankheitserreger und Schädlinge. Der Schnitt einer jungen Pflanze zielt darauf ab, eine Krone aus gut platzierten, kräftigen Ästen zu bilden. Später liegt der Schwerpunkt auf einer regelmäßigen Fruchtbildung.

Andere Gründe für den Schnitt sind: Wachstumskontrolle (besonders bei Apfel- und Birnbäumen), das Entfernen von kranken Trieben und das Ausdünnen von Kurztrieben. Durch Schnittmaßnahmen kann man verhindern, dass ein Baum in einem Jahr mehr Früchte trägt als im nächsten ("zweijähriges Fruchttragen": siehe Seite 94). Werden Kordons, Spalierbäume und Fächerspaliere einige Jahre lang vernachlässigt, können sie nur schwer wieder in ihre vorherige, gepflegte Form gebracht werden.

Alle Obstbäume müssen bald nach dem Pflanzen geschnitten werden. Während der Form gebenden Jahre sollte man sich genau an die Anleitungen der folgenden Seiten halten. Später benötigen die Bäume nicht mehr soviel Pflege. Für den Schnitt ausgewachsener Obstbäume werden gewöhnlich ● Baumscheren benötigt. Ist der

Oben: Dieser Apfelbaum wächst entlang eines Spaliers.
Links: Apfelblüten sind ein willkommener Frühlingsgruß.

Baum extrem groß oder fruchtlos, müssen andere Methoden angewendet werden. Dazu gehören das Ringeln und der Wurzelschnitt – beides alte Techniken, die sich in den genannten Fällen aber immer wieder als sehr nützlich erweisen. Das Kerben ist ebenfalls eine ungewöhnliche Vorgehensweise, aber ideal für Kordons und Spalieräpfel, die an einer Mauer erzogen werden. Das Ziel ist, die Triebentwicklung zu fördern oder zu drosseln und den Wuchs in die gewünschte Richtung zu lenken. Diese und andere Schnittmethoden werden auf den folgenden Seiten erklärt und illustriert.

ÄPFEL UND BIRNEN

Äpfel *(Malus domestica)* und Birnen *(Pyrus communis)* gehören zu den beliebtesten Obstbäumen der gemäßigten Zone mit jährlichen, zuverlässigen Erträgen. Da Birnen vor den Äpfeln blühen, findet der Sommerschnitt der Birnen etwa eine Woche vor den Äpfeln statt. Ansonsten ist der Schnitt bei beiden ähnlich, nur während der Form bildenden Jahre werden Birnen weniger stark geschnitten. Sobald sie Früchte tragen, können Birnen beim Einkürzen der Leittriebe und der Seitenzweige stärker geschnitten werden als Äpfel. Wird das Ausdünnen vernachlässigt, wird die Ernte geringer und die Qualität schlechter.

Das Schneiden von Äpfeln und Birnen ist eine wichtige Tätigkeit. Wird sie falsch ausgeführt, leidet die Form des Baumes da-runter und man muss länger auf die erste Ernte warten. Zu Beginn sollte man sich das Ziel setzen, den Baum zu formen – sei es zu einem Busch, einer Pyramide, einer Kordonform oder einem Spalierbaum. Solange sich noch keine permanente Krone ausgebildet hat, kann man nicht mit größeren, qualitativ hochwertigen Erträgen rechnen. Ein einjähriger Pflanzbaum (ein Jahr alt und ein Stamm) benötigt für den Kronenaufbau vier oder fünf Jahre. Das zweite Ziel ist, die Entwicklung von Fruchtknospen zu fördern und ihre Anzahl und Lage zu kontrollieren.

In Obstplantagen werden Büsche, Halb- und Hochstämme nur im Winter geschnitten. In Gärten werden Spalierobst und Kordons im Winter und Sommer geschnitten. Manchmal werden Bäume, die im Sommer stark geschnitten wurden, von Blutläusen befallen. Der Winterschnitt fällt normalerweise in die Ruhezeit, kann aber bis zum Anschwellen der Knospen verschoben werden, wobei aber das weitere Wachstum behindert wird.

SOMMERSCHNITT

Sind Krone und Form eines Baumes ausgebildet, besonders bei Kordons und Spalierobst, kann im Sommer geschnitten werden. Das Entfernen von Trieben und Blättern im Sommer zügelt das Wurzel- und Triebwachstum. Die Bildung von Fruchtknospen am Stammansatz des geschnittenen Zweiges wird gefördert.

Das Ausdünnen von Früchten

Normalerweise regelt die Natur die Fruchtmenge der Apfelbäume. Unterentwickelte Früchte werden im Frühsommer abgestoßen. Bei manchen Sorten werden vor allem fehlplatzierte oder kranke Früchte vom Gärtner ausgedünnt. Diese Arbeit wird nach dem so genannten Sommerfall, wenn der Baum sie von sich aus abwirft, ausgeführt. Manche Sorten verlieren Früchte auch direkt vor der Ernte.

WINTERSCHNITT

Dieser wird während der Ruheperiode ausgeführt und hat verschiedene Zwecke: das Baum-
wachstum in die Entwicklung von
Ästen und Zweigen zu lenken,
die Dichte von Ästen und Seitenzweigen zu kontrollieren und
die Anzahl und Lage der Fruchtknospen zu regulieren.

DER WURZELSCHNITT

Dies ist eine Technik, um bei zu
schnell wachsenden Apfelbäumen die Fruchtbildung anzuregen. Sie sollte nur angewendet
werden, wenn andere Techniken
versagt haben. Im Spätherbst
oder Anfang Winter graben Sie
eine etwa 30 bis 40 cm tiefe
Rinne mit einem Radius von
90 bis 120 cm um den Stamm.
Schneiden Sie alle frei gelegten
Wurzeln ab und füllen Sie dann
den Graben wieder auf. Bei
großen Bäumen sollte man diese Arbeit im nächsten Winter
wiederholen.

KERBEN

Das Kerben kann auf zwei Arten
ausgeführt werden:
(**a**) Ein hufeisenförmiges Stück
Rinde wird direkt unter der
Knospe entfernt, um den Saftstrom zu verringern und die
Knospenentwicklung zu
hemmen.
(**b**) Ein Stück Rinde wird direkt
über der Knospe entfernt, um
diese zur Entwicklung anzuregen. Beide Techniken werden
bei Äpfeln und Birnen im Spätfrühling ausgeführt, sobald der
Saftstrom zu fließen beginnt.
Achten Sie darauf, dass die
Knospe beim Schneiden nicht
beschädigt wird.

RINGELN

Diese Technik wird – wenn alle anderen Methoden versagt haben –
während der Blüte angewendet,
um einen stark wüchsigen Baum
zur Fruchtproduktion anzuregen.
Die Blütenbildung wird gefördert
und die Qualität des Tafelobstes
verbessert. Sie eignet sich nur
für Apfelbäume. Dank moderner,
schwachwüchsiger Unterlagen
muss man heute nicht mehr so oft
auf diese Technik zurückgreifen.

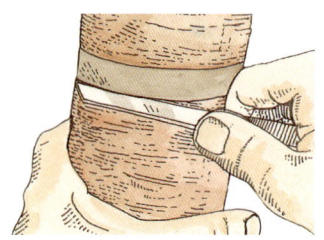

1 Mit einem scharfen Messer
wird die Rinde an zwei Stellen
(6 bis 12 mm voneinander entfernt) durchtrennt Die Linien
sollten parallel und 15 cm unter
dem niedrigsten Ast verlaufen.

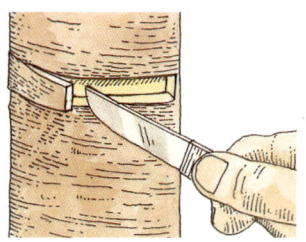

2 Entfernen Sie die Rinde zwischen den beiden Schnitten,
wobei der Schnitt nicht erweitert
werden sollte: Ist er zu breit, kann
der Baum absterben, ist er zu
schmal, bleibt die Wirkung aus.

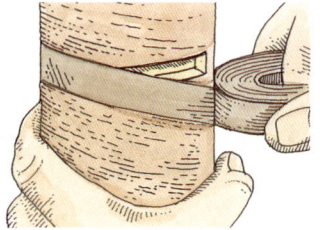

3 Benutzen Sie kein Wundverschlussmittel, sondern wickeln
Sie mehrmals ein Klebeband über
die Wunde. Nach der Bildung eines
Kallus kann es entfernt werden
(meist Mittsommerende).

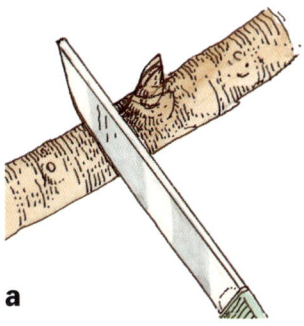

a

Mit einem scharfen Messer
machen Sie 6 mm unterhalb der
Knospe einen etwa 3 mm tiefen,
waagrechten Schnitt. Schneiden
Sie im 45-Grad-Winkel ein keilförmiges Stück aus und entfernen Sie es vorsichtig.

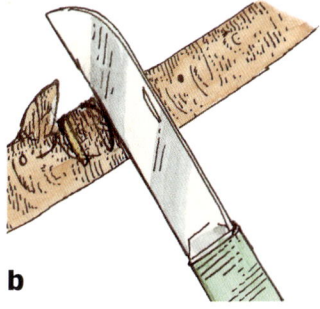

b

Mit einem scharfen Messer machen Sie 6 mm über der Knospe
einen etwa 3 mm tiefen, waagrechten Schnitt. Schneiden Sie im
45-Grad-Winkel ein keilförmiges
Stück aus und entfernen Sie es
vorsichtig.

ERZIEHUNGSMETHODEN FÜR APFEL- UND BIRNBÄUME

Zum einen besteht die Möglichkeit, einen zwei- oder dreijährigen Baum in Buschform zu kaufen. Genauso gut kann man aber auch einen einjährigen Pflanzbaum kaufen und selbst erziehen. Die Erziehung der Pflanzbäume beginnt im ersten Winter. Sie werden auch „Peitscher" genannt, da sie einen gertenähnlichen Stamm ohne Seitentriebe haben. Bäume mit nackten Wurzeln werden vom Spätherbst bis zum Spätwinter gepflanzt. Ein- oder Zweijährige in Kübeln können jederzeit gesetzt werden – vorausgesetzt, der Boden ist nicht gefroren oder staunass.

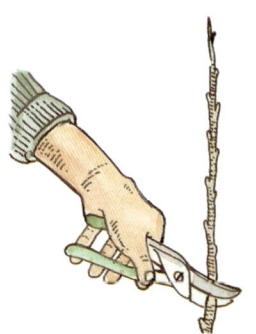

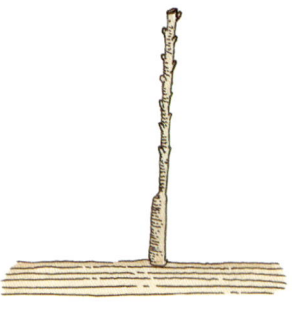

1 Vom Spätherbst bis Spätwinter können einjährige Pflanzbäume (mit nackten Wurzeln) gesetzt werden. Diese besitzen einen einzelnen Stamm ohne Seitentriebe. Werden zweijährige Pflanzbäume gesetzt, beginnt der Schnitt mit den Schritten 3 und 4. Achten Sie darauf, dass die Veredelungsstelle nicht verletzt oder verschmutzt wird.

2 Schneiden Sie den einjährigen Pflanzbaum im Winter in der Ruheperiode, wenn die Temperaturen über dem Gefrierpunkt liegen. Für einen Zwergbusch schneiden Sie den Stamm etwa 60 cm über dem Boden, direkt über einem gesunden Auge, ab; für einen normalen Busch ca. 75 cm über dem Boden. So wird das Wachstum angeregt.

3 Im folgenden Winter hat der zweijährige Pflanz-baum mehrere aufrecht wachsende Seitenzweige entwickelt. Die Seitenzweige sollten in einem weiten Winkel zum Stamm stehen, da diese eine kräftigere Achsel bilden als Zweige, die dicht am Stamm liegen.

4 Wählen Sie vier der kräftigsten, gesunden Triebe aus, um die Hauptkrone zu bilden. Achten Sie auf ausreichenden Abstand. Schneiden Sie diese um zwei Drittel bis auf ein gesundes, nach außen weisendes Auge zurück. Außerdem werden alle unerwünschten Seitenzweige entfernt.

5 Im folgenden Winter weist der dreijährige Busch viele Seitenzweige auf. Manche treiben aus den im Vorjahr geschnittenen Trieben, andere aus dem Stamm aus. Die Wuchskraft dieser Triebe hängt von dem vorjährigen Schnitt ab. Wurden die Triebe nur leicht gestutzt, werden die daraus austreibenden Zweige dünn und zu schwach, um schwere Früchte zu tragen.

6 Schneiden Sie im Winter die Leittriebe wieder um zwei Drittel zurück, immer bis über einem nach außen weisenden Auge. Schneiden Sie beschädigte und quer wachsende Zweige vollkommen aus. Kurze Seitenzweige sollten auf drei Augen zurück-geschnitten werden, um die Bildung von Frucht-trieben anzuregen. Jetzt nimmt die Krone langsam Form an.

7 Bis zum folgenden Winter ist der Busch stark gewachsen und weist einige Leittriebe und jüngere, schlanke Seitentriebe auf. Die Stärke des Winter-schnitts beeinflusst das nachfolgende Wachstum und die Fruchtentwicklung: Je mehr Holz entfernt wird, desto stärker ist das Wachstum im Folgejahr und desto kleiner die Ernte.

8 Kürzen Sie im Winter den Leittrieb um ein Drittel oder die Hälfte, je nach Wuchsstärke. Schneiden Sie Seitentriebe, die an den Innenseiten der Äste und in Richtung Strauchmitte wachsen, auf etwa 10 cm Länge zurück. Entfernen Sie abgestorbene und quer wachsende Äste. Wenn man einige lange Triebe unbeschnitten stehen lässt, wird eine frühe Entwick-lung von Früchten angeregt.

Links: Dieser ausgewachsene Apfelbaum verspricht eine reiche Ernte.

AUSGEFORMTE APFEL- UND BIRNBÄUME

Wurde einem Apfel- oder Birnbaum nach einigen Jahren durch mehrmaligen Schnitt eine schöne Form gegeben, dienen die Schnittmaßnahmen einem anderen Zweck: Jetzt soll der Schnitt die Bildung von Fruchtknospen anregen und eine gleichmäßige Verteilung dieser sicherstellen. Oft muss die Wuchskraft des Baumes reguliert werden, obwohl die Wahl der Unterlage hierfür das beste Mittel ist. Auf fruchtbaren Böden können Bäume extrem groß werden. Gras, das unter dem Baum gesät wurde, verbraucht viel Stickstoff und bremst somit das vegetative Wachstum. Ein starker Winterschnitt regt das Wachstum an, während ein Sommerschnitt unproduktives Wachstum zügelt. Vor einem Winterschnitt sollten Sie prüfen, ob der Baum an den Kurztrieben oder an den Triebspitzen Früchte trägt.

Apfelsorten können in zwei Hauptgruppen eingeteilt werden. Erstens: An den Kurztrieben tragende Arten, die Früchte in erster Linie aus den Fruchtknospen an Kurztrieben in Stammnähe entwickeln. Zweitens: An den Langtrieben tragende Arten, die Früchte aus Knospen an oder in der Nähe von Triebspitzen entwickeln. Manche Sorten sind auf beide Arten Frucht tragend. Die Schnitttechnik hängt davon ab, welcher Gruppe eine Sorte angehört.

An Kurztrieben tragende Tafeläpfel: 'Ashmead Kernel', 'Cox's Orange Pippin', 'Discovery', 'Egremont Russet', 'Ellison's Orange', 'Golden Delicious', 'Idared', 'James Grieve', 'Kidd's Orange Red', 'Laxton's Fortune', 'Merton Knave', 'Orleans Reinette', 'Ribston Pippin', 'Sunset' und 'Tydeman's Late Orange'. Zu den Kochäpfeln gehören: 'George Neal', 'Grenadier', 'Howgate Wonder' und 'Lane's Prince Albert'.

An Langtrieben tragende Tafeläpfel: 'Beauty of Bath', 'Irish Peach' und 'Worcester Pearmain'.

An Lang- oder Kurztrieben tragende Tafeläpfel: 'George Cave' und 'Lord Lambourne'. Kochäpfel sind: 'Bramley Seedling' und 'Golden Noble'.

Birnenarten können auch nach dem Bildungsort der Früchte eingeteilt werden, obwohl die meisten Tafelsorten an Kurztrieben tragen. Ausnahmen sind 'Jargonelle' und 'Joséphine de Malines', die an Langtrieben tragen.

Hat ein an Kurztrieben tragender Apfelbaum Fuß gefasst, sollte

Zweijähriges Fruchttragen

Manche Apfelsorten, wie 'Blenheim Orange', 'Bramley's Seedling' und 'Laxton's Superb', tragen in einem Jahr stärker als im nächsten. Sie können dies im Frühling eines Jahres, das eine reiche Ernte verspricht, folgendermaßen verhindern: Entfernen Sie von jedem Kurztrieb die Hälfte bis zu zwei Drittel der Fruchtknospen und belassen Sie nur ein oder zwei Fruchtknospen. Bei Birnen ist dieses Phänomen weniger ausgeprägt.

man die regelmäßige Entwicklung von Kurztrieben an jedem Zweig fördern. Kürzen Sie alle Seitenzweige kurz über drei bis vier Knospen vom Stammansatz entfernt ein. Kürzen Sie lange, im Vorjahr geschnittene Seitenzweige bis auf ein Auge ein. Schneiden Sie den Leittrieb um die Hälfte des vorjährigen Holzes zurück.

An Langtrieben tragende Apfelsorten bilden die meisten Früchte an den Zweigspitzen. Der Schnitt zielt also darauf ab, möglichst viele Jungtriebe zu entwickeln. Schneiden Sie daher kurze Seitentriebe nicht, damit sie an ihren Spitzen Fruchtknospen entwickeln können. Sie können in späteren Jahren zurückgeschnitten werden.

Manche Apfelsorten tragen an Lang- und Kurztrieben; sie werden am besten wie die an Kurztrieben tragenden Arten behandelt. Kürzen Sie Leittriebe um ein Drittel, direkt über einem nach außen weisenden Auge. Lassen Sie die meisten starkwüchsigen Seitenzweige stehen. Alle anderen, die länger als 23 cm sind, werden geschnitten. Die unbeschnittenen, kurzen Seitenzweige entwickeln Fruchttriebe. Schneiden Sie Seitenzweige zweiter Ordnung bis auf ein Auge zurück.

DAS AUSDÜNNEN VON KURZTRIEBEN

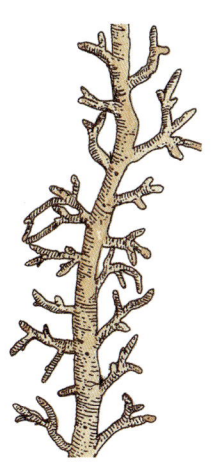

1 Nach einigen Jahren werden die Äste der an Kurztrieben tragenden Arten oft zu zahlreich und wachsen kreuz und quer. Die Qualität und Größe der Früchte sinkt und der Ast muss ausgedünnt werden.

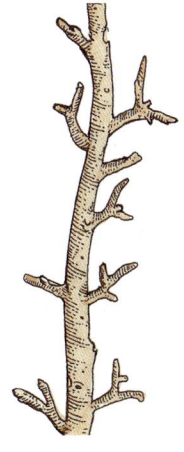

2 Dünnen Sie im Winter ein paar Kurztriebe aus und entfernen Sie die anderen Triebe vollständig. Die verbleibenden Kurztriebe sollten einen gleichmäßigen Abstand aufweisen. Die Energie des Baumes konzentriert sich auf weniger Triebe und Licht und Luft können freier zirkulieren.

SOMMERSCHNITT

1 Bei Äpfeln und Birnen in Buschform ist ein Sommerschnitt nicht zwingend (im Gegensatz zu Kordons, Spalierobst und Fächerspalieren, wo dieser einen wichtigen Teil der Erziehung darstellt). Doch er kann die Qualität des Obstes verbessern und das Wachstum regulieren. Schneiden Sie im Spätsommer Seitenzweige 13 cm vom Stammansatz entfernt zurück, sobald ihre Basis verholzt ist.

2 Seitenzweige zweiter Ordnung schneiden Sie auf ein Blatt Entfernung vom Stammansatz zurück. Schneiden Sie nicht die Leittriebe der Äste, dies erfolgt im Winter. Durch das Entfernen überflüssiger Triebe wird nicht nur die Obstqualität verbessert, sondern auch der Eintritt von Licht und Luft ermöglicht, damit Triebe und Knospen reifen können.

Links: Die Apfelsorte 'Ellison's Orange' wurde hier als Kordon gezogen.

APFEL- UND BIRNENKORDONS

Apfel- und Birnenkordons sind ideal für kleine Gärten. Sie können frei stehen oder an einer Mauer gezogen werden. In beiden Fällen werden sie von einem Gerüst aus verzinkten Drähten gestützt. Die folgenden Anleitungen für das Schneiden von Kordons und Spalierobst (siehe Seite 98–99) beginnen mit dem einjährigen Pflanzbaum. Dieser wurde im Vorjahr veredelt. Auch zweijährige Pflanzbäume sind erhältlich, achten Sie dabei auf eine gute Form und eine ausreichende Menge an Fruchttrieben. Es ist schwieriger, einen schlecht erzogenen Baum an ein vorhandenes Gerüst anzupassen, als einen Baum von klein auf zu erziehen. Eine junge Pflanze kann leichter verpflanzt werden als eine ältere und wesentlich schneller Fuß fassen.

Kordons bestehen aus einem einzelnen, aufrechten Stamm, der in einem Winkel von 45 Grad gepflanzt wird und mit Frucht tragenden Kurztrieben bedeckt ist. Manche Kordons werden vertikal erzogen. Dies hat aber den Nachteil, dass sie größer werden und nicht so früh Frucht tragen wie die schräg gepflanzten. Manche besitzen einen Stamm, manche zwei – zuweilen mit drei vertikalen Ästen.

Kordons werden meistens im Sommer geschnitten – mit Ausnahme von Gebieten mit starkem Regenfall, wo sich nach dem Sommerschnitt Unmengen von Sommertrieben entwickeln. Vernachlässigte Kordons werden anfänglich im Winter geschnitten und erst später im Sommer. Seitentriebe werden etwa 2,5 cm vom Stamm entfernt abgeschnitten und lange und dicht gruppierte Kurztriebe ausgedünnt.

Der Winterschnitt ist eine gute Möglichkeit, das Wachstum eines schwachwüchsigen Kordons anzuregen.

Das Ausdünnen von Kurztrieben

Büschel von Kurztrieben werden bei Kordons oft zu dicht und produzieren nur kleine Früchte. Zwischen Spätherbst und Spätwinter können diese ausgedünnt werden. Entfernen Sie mit einer scharfen Schere schwache und an der Astunterseite befindliche Knospen. Dünne, sich überkreuzende Kurztriebe werden auf zwei oder drei Fruchtknospen ausgedünnt.

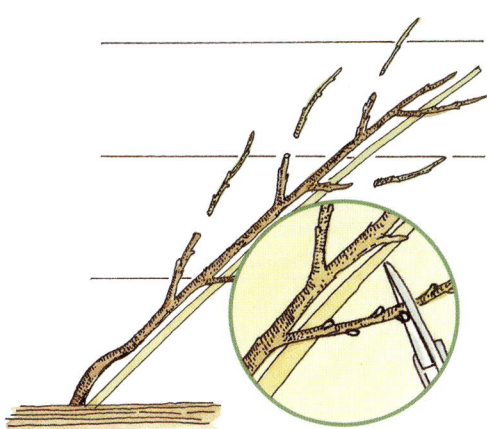

1 Setzen Sie einjährige Pflanzbäume während der Ruheperiode im Abstand von 75 cm und im 45-Grad-Winkel neben das Gerüst. Dieses besteht aus drei quer gezogenen Drähten (0,6, 1,2 und 1,8 m über dem Boden). Unter jedem Stamm wird ein 2,4 m langer, kräftiger Bambusstock im 45-Grad-Winkel in die Erde gesteckt. Befestigen Sie den Stock an den Drähten, dann den Stamm am Stock. Seiten-zweige werden über der dritten oder vierten vom Stammansatz entfernten Knospe abgeschnitten. Kürzere Zweige und der Leittrieb bleiben stehen.

2 Im nächsten Frühjahr entwickeln sich Blätter und Blüten aus den zurückgeschnittenen Seitentrieben. Kordons sollten im ersten Jahr keine Frucht tragen. Entfernen Sie die Blüte, ohne die Wachtumsknospe dahinter zu beschädigen. Mitte des Sommers ent-wickeln sich Jungtriebe aus den Seitentrieben. Die-se schneidet man bis auf ein Blatt über der Basis ab; ebenso alle aus dem Hauptstamm treibenden Zweige (bis auf drei Blätter vom Stammansatz ent-fernt). Der Stamm sollte fixiert, aber nicht einge-schnürt sein.

3 Im Spätsommer desselben Jahres, vor dem Blatt-fall, schneiden Sie weitere Triebe aus den zuvor geschnittenen Zweigen bis auf das reife Holz aus. Starker Regen regt oft ein massenhaftes Wachstum von Sommertrieben an. In diesem Fall schneiden Sie besser im Winter. Schneiden Sie den Leittrieb jetzt noch nicht zurück, sondern erst im Spätfrüh-jahr des Folgejahres, sobald er über den obersten Draht hinauswächst. Der Kordon ist jetzt etwa 2,1 m hoch.

4 Sobald sich eine Kordonform ausgebildet hat, schneiden Sie jedes Jahr im Mittsommer den Leit-trieb auf 2,5 cm zurück. Alle reifen Seitentriebe, die sich aus dem Stamm entwickelt haben und länger als 23 cm sind, werden bis auf drei Blätter zurück-geschnitten. Schneiden Sie Triebe, die von Kurz-trieben und Seitenzweigen stammen, unterhalb der basalen Blattrosette ab. Zählen Sie Blätter, die eine grundständige Rosette bilden, nicht mit. Achten Sie darauf, dass der Hauptstamm gut gesichert ist.

Links: Ein Birnbaum in Spalierform ist ideal für kleine Gärten, denn er benötigt nur wenig Platz.

APFEL- UND BIRNBÄUME IN SPALIERFORM

Unterlagen

Es gibt verschiedene Apfelunterlagen für Kordons und Spalierobst. M9 ist die beste für kleine Gärten. Quitte A oder C eignet sich am besten für Birnen.

Spalierobst benötigt verzinkte, zwischen Pfosten gespannte Drähte als Stütze. Solch einen Baum zu erziehen dauert länger als ein Kordon, ist aber ideal für kleine Gärten. Der Baum besteht aus einem Hauptstamm mit waagrecht (siehe links) laufenden Seitentrieben im Abstand von 40 bis 60 cm. Bauen Sie diese Reihen systematisch auf. Folgen Sie dabei der Anleitung auf Seite 99. Achten Sie auch auf die Ausbildung von Fruchttrieben in den unteren Reihen, indem die Seitenzweige bis auf drei Blätter über der Basis abgeschnitten werden. In den Reihen darunter werden Seitenzweige zweiter Ordnung bis auf ein Blatt zurückgeschnitten.

Falls im Sommer eine Seite schneller wachsen sollte als die andere, senken Sie die Reihe leicht ab. Sollte sie kleiner sein, heben Sie diese leicht an.

Wenn die Reihen ausgebildet sind und die richtige Größe haben, schneiden Sie Spalierobst genauso wie Kordons (siehe Seite 96–97). Ein mehrere Jahre vernachlässigtes Spalier kann nur schwer wieder in seine ursprüngliche Form gezwungen werden.

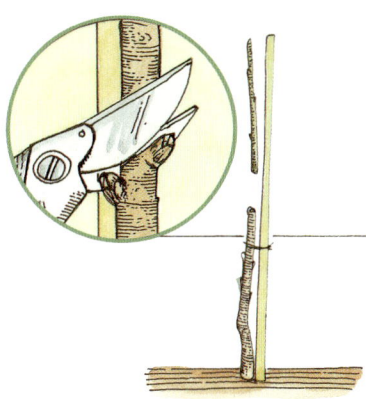

1 Pflanzen Sie im Winter einen einjährigen Apfel- oder Birnbaum. Schneiden Sie den Stamm bis auf ein gesundes Auge gerade über dem untersten Draht zurück. Zwei weitere, gesunde Augen soll- ten sich direkt darunter befinden.

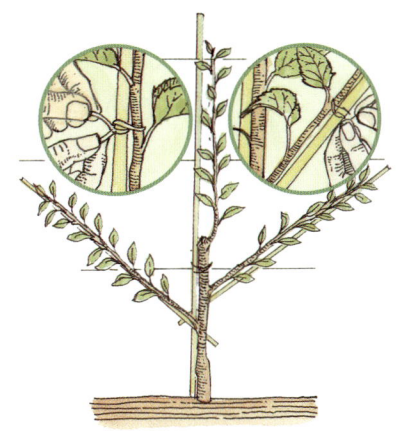

2 Die obersten drei Knospen wachsen von Anfang bis Ende Sommer. Befestigen Sie den Leittrieb locker an einem senkrechten Bambusstab und die beiden Seitentriebe an zwei Stäben im 45-Grad-Winkel. Die Stäbe werden an den Drähten befestigt.

3 Schneiden Sie im Winter den Leittrieb direkt über dem nächsten Draht ab. Zwei Seitenzweige, die sich dort entwickeln, werden gesenkt und um ein Drittel bis auf ein gesundes, nach unten weisendes Auge gekürzt.

4 Befestigen Sie im Sommer den Leitast und die zwei oberen Seitentriebe an Stäben. Schneiden Sie die Triebe zwischen erster und zweiter Reihe auf drei Blätter und die Seitentriebe in der untersten Reihe auf drei bis vier Blätter zurück.

5 In den folgenden Wintern werden weitere Reihen gebildet. Die im Sommer gebildete Reihe wird abge- senkt und um ein Drittel zurückgeschnitten. Triebe der untersten Reihe werden zurückgebogen.

6 Im Frühsommer kürzen Sie Leittrieb und Seiten- zweige, sobald sie über das Spalier hinauswachsen. Schneiden Sie Seitenzweige erster Ordnung auf drei Blätter und zweiter Ordnung auf ein Blatt zurück.

Links: Pflaumen benötigen eine warme, geschützte Stelle, um gut zu gedeihen.

PFLAUMEN UND REINECLAUDEN

Ausgeformte Pflaumen und Reineclauden, die als Büsche, Pyramiden und Hochstämme gezogen werden, müssen nur wenig geschnitten werden. Abgestorbene, quer wachsende und störende Äste sollten jedes Frühjahr entfernt werden. Pflaumen und Reineclauden eignen sich nicht als Spalierobst und Kordons, werden aber manchmal als Fächerspalier vor einer warmen Wand erzogen (Arbeitsschritte wie bei Pfirsichen, siehe Seite 104–105). Schneiden Sie im Frühjahr Zweige, die an der Wand scheuern, ab und knipsen Sie im Mittsommer die Spitzen von jungen Trieben, die für den Kronenaufbau nicht benötigt werden, aus. Diese entwickeln sich später zu Fruchttrieben. Nach der Ernte schneiden Sie die ausgeknipsten Triebe bis auf drei Blätter zurück.

DER SCHNITT EINER BUSCHPFLAUME

Setzen Sie einen zweijährigen Pflanzbaum im Spätherbst oder frühen Winter, aber nicht im Spätwinter, da die Wachstumsperiode im zeitigen Frühjahr einsetzt.

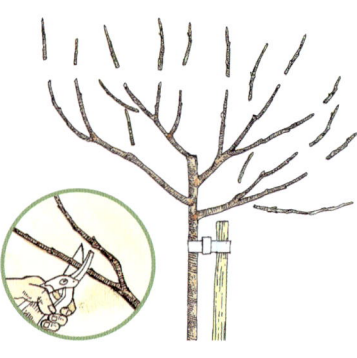

1 Eine Buschpflaume wird im Spätwinter oder zeitigen Frühjahr geschnitten, sobald die Wachstumsperiode einsetzt und sich die Knospen öffnen. Schneiden Sie den Stamm in 90 cm Höhe knapp über einem Seitentrieb ab. Drei darunter liegende, kräftige Triebe werden um die Hälfte bis zwei Drittel direkt über einer nach außen weisenden Knospe zurückgeschnitten. Alle anderen Seitentriebe werden entfernt.

2 Anfang Frühling des zweiten Jahres schneiden Sie den Busch, der dann drei Jahre alt ist. Die im Vorjahr geschnittenen Seitenzweige sind stark gewachsen. Kürzen Sie diese um die Hälfte. Gleichzeitig schneiden Sie alle dem Stamm entspringenden Triebe am Stammansatz zurück. Der Busch trägt nun etwa acht, gut platzierte, kräftige Äste. In den folgenden Jahren werden nur abgestorbene und quer wachsende Zweige entfernt. Entfernen Sie Ausläufer vom Boden und Triebe, die aus dem Stamm und unterhalb des tiefsten Hauptastes wachsen. Überprüfen Sie regelmäßig die Befestigung des Busches.

DER SCHNITT EINER PYRAMIDENKRONE

Diese Technik zielt darauf ab, eine pyramidenförmige Krone zu bilden, die etwa 2 m hoch und 1,2 m breit ist. Wegen ihrer geringen Größe passt sie in viele Gärten und benötigt keine stützenden Drähte. Der Unterschied zwischen Pyramidenbäumen und Buschformen besteht darin, dass Erstere über einen größeren Stammbereich Seitenzweige produzieren.

1 Setzen Sie einen ruhenden, zweijährigen Pflanzbaum im Spätherbst oder zu Winterbeginn. Sichern Sie den Stamm mit Baumbindern an einem Pfosten.

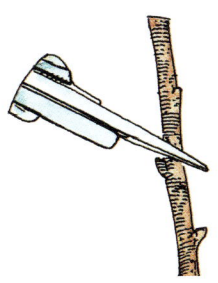

2 Im Spätwinter oder zu Frühlingsbeginn schneiden Sie den Leittrieb ca. 1,5 m über dem Boden ab. Schneiden Sie alle Seitentriebe in Stammnähe bis auf 45 cm vom Boden ab. Die übrigen Seitenzweige formen die Hauptäste und die Krone. Schneiden Sie jeden dieser Triebe bis auf ein nach unten weisendes Auge um die Hälfte zurück.

3 Im späten Mittsommer desselben Jahres kürzen Sie das diesjährige Holz bis auf etwa 20 cm Länge und bis zu einem nach unten weisenden Auge. Kürzen Sie Seitentriebe bis auf 15 cm. Der Leittrieb wird nicht geschnitten.

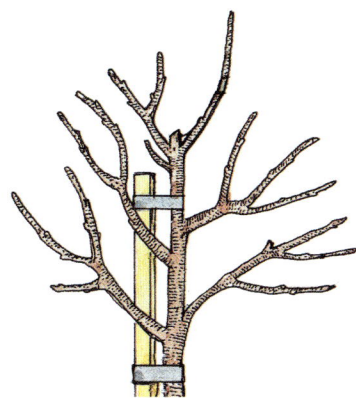

4 Im zeitigen Frühjahr schneiden Sie den Mitteltrieb um zwei Drittel des im Vorjahr produzierten Holzes zurück. Ebenso im nächsten Frühjahr, bis die gewünschte Höhe erreicht ist. Schneiden Sie danach den Leittrieb um ca. 2,5 cm zurück.

5 Gegen Mittsommerende kürzen Sie das diesjährige Holz an den Haupttrieben auf acht Blätter vom Entstehungsort entfernt ein. Seitentriebe werden auf sechs Blätter zurückgeschnitten und starkwüchsige Triebe an der Baumspitze entfernt.

Links: Nektarinen (hier die Sorte 'Pineapple') und Pfirsiche sind nahe Verwandte und werden in ähnlicher Weise geschnitten.

Pfirsiche und Nektarinen tragen an Trieben des Vorjahres. Es ist wichtig, jedes Jahr den Austrieb neuer Zweige zu fördern, um die, die Frucht getragen haben, zu ersetzen. Es gibt drei charakteristische Knospenarten: Fruchtknospen, die rund sind und Früchte entwickeln, Blattknospen, die spitz sind und Triebe produzieren, und Tripletts mit einer runden Fruchtknospe in der Mitte und Blattknospen an beiden Seiten. Soll sich ein Jungtrieb entwickeln, müssen Triebe bis auf eine Blattknospe (oder, falls nicht vorhanden, auf ein Triplett) zurückgeschnitten werden.

PFIRSICHE UND NEKTARINEN

Diese beiden saftreichen Obstarten sind nahe verwandt und Kusinen der Mandel. Nektarinen *(Prunus persica* var. *nectarina)* besitzen eine weichere Haut als Pfirsiche *(P. persica)* und sind etwas kleiner. Viele meinen auch, dass sie einen besseren und süßeren Geschmack haben. Nektarinen und Pfirsiche werden in gleicher Weise erzogen und geschnitten, Nektarinen sind allerdings etwas frostempfindlicher. Entweder werden sie als Büsche oder als Fächerspalier an einer warmen Wand erzogen (siehe Seite 104–105). Die Ertragsgröße schwankt stark und hängt vom Wetter und der Baumgröße ab.

Das Ausdünnen von Früchten

Entfernen Sie im ersten Jahr alle Blüten, damit sich die gesamte Kraft des Baumes auf die Ausbildung der Krone richtet. Belassen Sie die Blüten im zweiten Jahr, lassen Sie aber nur ein paar Früchte ausreifen. In den folgenden Jahren muss das Obst – vor allem bei Fächerspalieren – ausgedünnt werden. Diese Arbeit wird von Anfang bis Mitte Sommer ausgeführt. Wird sie unterlassen, entwickeln die Früchte nicht ihre volle Größe. Beginnen Sie mit dem Ausdünnen, sobald die Früchte die Größe einer großen Erbse erreicht haben, und hören Sie bei Walnussgröße auf. Zuerst vereinzeln Sie die Früchte im Abstand von etwa 23 (Pfirsiche) bzw. 15 cm (Nektarinen). Bei Büschen können die Abstände etwas geringer sein.

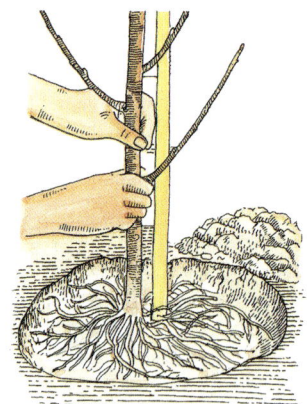

1 Setzen Sie zweijährige Pfirsiche und Nektarinen vom Spätherbst bis Mitte Winter neben einen Pfosten und drücken Sie die Erde über den Wurzeln fest. Ein Busch wird 3,5 bis 4,5 m breit und sollte deshalb nicht zu dicht gepflanzt werden. Späte Fröste und kalte Winde können großen Schaden anrichten.

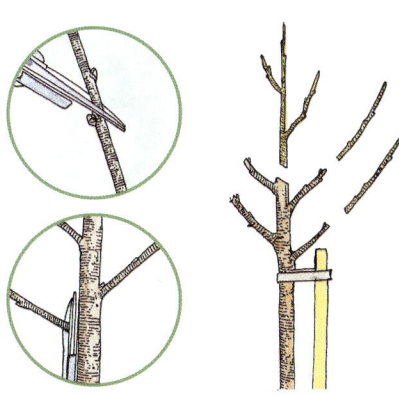

2 Im zeitigen Frühjahr des Folgejahres, sobald die Knospen wachsen, schneiden Sie den Leittrieb auf 75 bis 90 cm Höhe dicht über einem kräftigen Seitentrieb ab. Die Krone besteht aus drei oder vier gut platzierten Seitenzweigen. Schneiden Sie jeden um zwei Drittel bis zu einer nach außen weisenden Knospe zurück. Entfernen Sie alle anderen Seitenzweige in Stammnähe. Die ausgewählten Äste sollten kräftig und gesund sein, damit, falls ein Ast später entfernt wird, das Gleichgewicht nicht gestört wird.

3 Im folgenden Sommer entwickeln sich junge Triebe aus den drei bis vier Seitenzweigen, die zu Beginn des Frühjahrs geschnitten wurden. Schneiden Sie diese nicht im Sommer. Nur Triebe, die diesen entspringen und quer wachsen, werden bis zum Stammansatz zurückgeschnitten. Ansonsten wird der Baum zu dicht. Weiterhin werden Zweige, die unterhalb der Krone austreiben, entfernt.

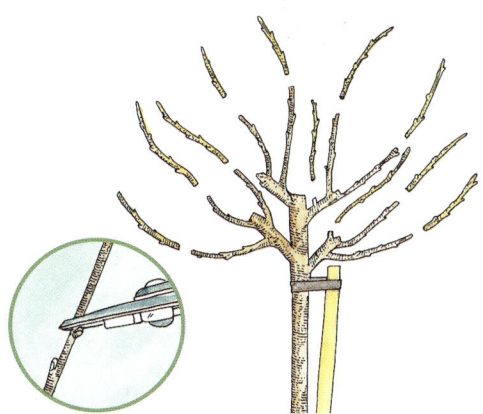

4 Im zeitigen Frühjahr des Folgejahres schneiden Sie die jungen Triebe um die Hälfte zurück. Schneiden Sie diese kurz über einem gesunden, nach außen weisenden Auge ab. So wird die Entwicklung einer kräftigen Krone gewährleistet. Schneiden Sie Zweige zweiter Ordnung bis auf 10 cm vom Stammansatz entfernt zurück, außerdem solche, die quer wachsen und sich gegenseitig verletzen, wodurch Krankheitserreger eindringen können. Die Krone sollte luftig sein. Junge Triebe müssen sich entwickeln können, um Äste, die jedes Jahr unter dem Gewicht der Früchte brechen, zu ersetzen.

5 Zu Beginn bis Mitte des Sommers des folgenden Jahres haben sich aus den zurückgeschnittenen Trieben viele Zweige und Blätter entwickelt. Schneiden Sie quer und zu dicht wachsende sowie alte Triebe bis auf den Stammansatz zurück, damit Luft und Licht nicht außen vor bleiben. Im Sommer entfernen Sie vorsichtig mit einer scharfen Baumschere einige der Zweige, die Frucht getragen haben.

Links: Die Früchte von Nektarinen- und Pfirsich- bäumen wachsen an den Seitentrieben.

PFIRSICH- UND NEKTARINEN- BÄUME ALS FÄCHERSPALIER

Pfirsich- und Nektarinenbäume können an warmen, sonnigen Wänden als Fächerspalier erzogen werden. Sie können auch an einem Holzzaun wachsen, aber eine Mauer ist wegen ihrer längeren Lebensdauer vorzuziehen. Das Ziel ist, die freie Fläche fächerförmig mit Ästen, die der Stockbasis entstammen, zu bedecken, sodass jeder Ast so viel Licht und Luft wie möglich erhält. Der Kronenaufbau ist eine langwierige Aufgabe. Es ist wichtig, dass der Baum von der Basis aus geformt wird.

Anders als Äpfel, die lange gelagert werden können, halten sich Pfirsiche und Nektarinen nur etwa eine Woche nach dem Pflücken. Oft ist es besser, ein Fächerspalier zu erziehen, das nur wenig Platz benötigt und ca. 14 kg Ertrag bringt, als einen großen Busch, der einen bis zu dreifachen Ertrag einbringt, den man nicht verbrauchen kann.

1 Pflanzen Sie im Spätherbst oder Mittwinter einen zweijährigen Baum etwa 20 cm von der Mauer entfernt ein. Schneiden Sie im Spätwinter den Hauptstamm auf etwa 60 cm über dem Boden und kurz über einem kräftigen Seitenzweig zurück. Schneiden Sie alle anderen Seitenzweige bis auf eine Knospe vom Stammansatz entfernt zurück. Im Frühsommer haben sich einige Triebe gebildet. Entfernen Sie alle außer dem obersten und zwei weiteren und senken Sie diese zu beiden Seiten ab.

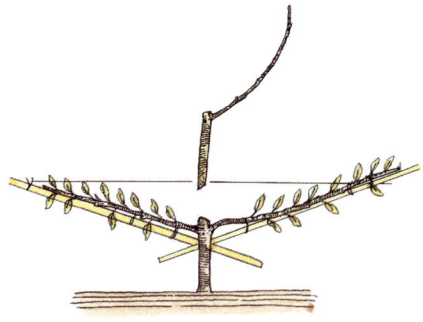

2 Später im Mittsommer schneiden Sie den mittleren Stamm ab und bringen ein pilztötendes Wundverschlussmittel an. Befestigen Sie die beiden Äste an der Stockbasis an je zwei Bambusstäben. Diese werden locker, aber sicher an den Stützdrähten befestigt. Zuerst wird die Basis des Fächers gebildet, dann erst das Zentrum. Wächst eine Seite nicht so stark wie die andere, senken Sie diese nicht so weit ab.

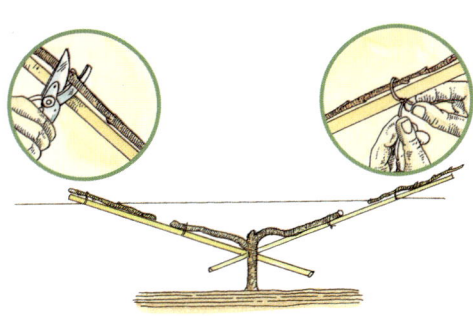

3 Im zeitigen Frühjahr des Folgejahres schneiden Sie die beiden Äste 35 bis 40 cm vom Stamm entfernt auf eine Blattknospe (die kleine, spitze Knospe wird auch Holzknospe genannt) oder auf ein Triplett (zwei Blattknospen an jeder Seite einer Fruchtknospe) zurück.

4 An den Seitenästen entwickeln sich junge Triebe. Wählen Sie an jedem vier kräftige Triebe aus. Alle anderen Seitentriebe werden bis auf ein Blatt am Stammansatz abgeschnitten. Befestigen Sie jeden Trieb an einem Bambusstab und diesen an den Drähten. Achten Sie auf gleichmäßige Abstände.

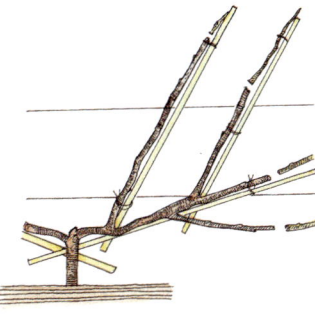

5 Im zeitigen Frühjahr des nächsten Jahres schneiden Sie den Neuaustrieb an jedem dieser acht Triebe um ein Drittel zurück. Schneiden Sie kurz über einer nach unten weisenden Knospe.

6 Die Zweigenden dürfen im Sommer wachsen. Belassen Sie drei neue Triebe an jedem Ast und befestigen Sie diese in gleichen Abständen. Entfernen Sie Knospen, die gegen die Wand wachsen. Alle anderen Triebe dürfen je 10 cm lang werden.

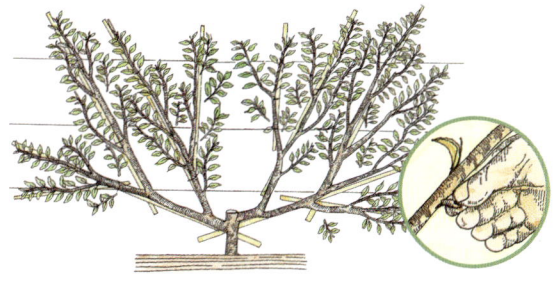

7 Im Spätsommer, sobald die ausgewählten Seitentriebe (siehe Punkt 4) etwa 45 cm lang sind, knipsen Sie ihren Vegetationspunkt aus. Dies sind die Triebe, die im folgenden Jahr Frucht tragen. Jedes Jahr muss die Entwicklung neuer, Frucht tragender Triebe angeregt werden, da sich der Ertrag sonst verringert.

8 Junge Triebe des Vorjahres sind dieses Jahr Frucht tragend und sollten zu Sommerbeginn Blüten und junge Seitentriebe aufweisen. Wählen Sie an jeder Seite einen aus, einen in der Mitte und einen an der Spitze, um mehr Frucht tragende Seitenzweige zu erhalten. Knipsen Sie die übrigen Seitentriebe bis auf zwei Blätter vom Stammansatz entfernt ab. Nach der Ernte schneiden Sie jeden Fruchttrieb bis auf den ihn ersetzenden Trieb am Stammansatz zurück.

Links: Süßkirschen sind stark-wüchsiger als Sauerkirschen und eignen sich daher eher für größere Gärten.

KIRSCHEN

Kirschbäume werden seit Jahrhunderten gepflanzt: Kirschplantagen kannte man in England bereits im 16. Jahrhundert und ein amerikanisches Obstbuch von 1833 führt fast 50 Sorten auf. Süß- und Sauerkirschen sind beliebte Sommerfrüchte – für viele Menschen sind sie der Inbegriff eines Bauerngartens.

Süßkirschen, auch als Kompottkirschen bekannt, sind starkwüchsiger als Sauerkirschen und eignen sich besser für große Gärten und Plantagen. Erstere stammen von der Vogelkirsche (Prunus avium) ab und tragen im Frühling weiße Blüten und gegen Ende des Frühsommers bis zum Mittsommer Früchte, die von Gelb über Rosa zu Schwarz variieren. Zu den empfehlenswerten Sorten gehören: 'Early Rivers' (dunkelrotes Fleisch), 'Governor Wood' (dunkelrot mit gelbem Fleisch), 'Merton Bigarreau' (schwarz) und 'Van' (rot).

Sauerkirschen stammen von *Prunus cerasus* ab. Die im Vergleich zu Süßkirschen kleineren Früchte reifen von Mitt- bis Spätsommer und sind roh nicht jedermanns Geschmack. Sie werden gern in Gläsern eingemacht, zu Marmeladen verarbeitet oder sonstwie „veredelt". Zu den empfehlenswerten Sorten gehören: 'Morello' (dunkelrot) und 'Kentish Red' (scharlachrot mit gelbem Fleisch).

Anders als Süßkirschen, die Früchte an zweijährigen Kurztrieben und älterem Holz tragen, tragen Sauerkirschen am einjährigen Holz. Daher sollten jedes Jahr neue Triebe ausschlagen, um diejenigen, die Frucht getragen haben und ausgeschnitten wurden, zu ersetzen. Das Ziel ist, ein zu starkes Wachstum zu hemmen und die Bildung von Fruchtknospen anzuregen.

Kirschernte

Belassen Sie die Früchte bis zur vollen Reife am Baum. Wenn sie platzen, sollten sie sofort gepflückt werden. Süßkirschen können roh gegessen werden. Sauerkirschen werden am besten zum (Ein-)Kochen verwendet. Für die Gefriertruhe werden sie im festen Zustand gepflückt. Schneiden Sie die Stängel mit einer scharfen Schere dicht am Zweig ab. Werden die Stängel abgebrochen, kann die Rinde verletzt werden, was den Eintritt von Krankheitserregern, wie Bakterienbrand, begünstigt. Legen Sie die gepflückten Kirschen vorsichtig in einen Korb.

SAUERKIRSCHEN IN FÄCHERSPALIERFORM

1 Wenn Sie eine Sauerkirsche als Fächerspalier ziehen möchten, gehen Sie in den ersten drei Jahren so vor, wie es auf Seite 104–105 für Pfirsiche und Nektarinen beschrieben wurde. Auch hier steht zunächst die Ausbildung einer Fächerform im Vordergrund.

2 Im dritten Jahr erlauben Sie den Leittrieben an jeder Rippe weiterzuwachsen. Binden Sie diese Triebe an kräftige Stäbe, die an den Drähten befestigt sind.

3 Im Spätfrühjahr aller folgenden Jahre dünnen Sie junge Triebe aus, sodass zwischen ihnen 10 bis 15 cm Platz ist, und befestigen diese an den Drähten, solange die Triebe noch biegsam sind. Belassen Sie einen Ersatztrieb an der Basis jedes Frucht tragenden Seitenzweiges. Schneiden Sie Triebe, die in Richtung Wand wachsen, an der Stockbasis aus. Lassen Sie die Spitzen der Jungtriebe frei wachsen.

4 Konnte man im vierten bzw. den folgenden Jahren Kirschen ernten, schneiden Sie alle Seitentriebe aus, die Frucht getragen haben – und zwar bis zu den Ersatztrieben vom Frühjahr. Schneiden Sie Triebe aus, die in Richtung Wand oder von ihr weg wachsen. Überprüfen Sie, ob alle Zweige ausreichend befestigt sind, damit der Wind sie nicht umknicken kann.

KIRSCHBÄUME ALS FÄCHERSPALIER

Süßkirschen benötigen eine warme, geschützte Stelle, um guten Ertrag zu bringen. Da sie bis zu 7,5 m hoch und breit werden können, sollte man ausreichend Platz für sie reservieren. Wenn Sie lediglich Platz für eine Kirsche haben, ist es ratsam, eine selbstbefruchtende Sorte zu kaufen.

Unterlagen

Die Unterlage bestimmt die letztendliche Größe und Form eines Baumes. 'Colt' ist eine mittelschwach-wüchsige Unterlage, die etwa 5 m hoch und breit wird; 'Inmil' ist schwachwüchsig und wird bis zu 3,5 m groß. Beide können für Büsche, Spalierobst, Pyramiden, Spindelbüsche oder Fächerspalierformen verwendet werden.

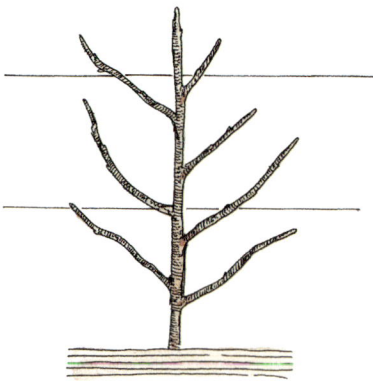

1 Spannen Sie Drähte, etwa 30 cm über dem Boden beginnend, in 20 bis 25 cm Abstand bis zu einer Höhe von 2 m. Pflanzen Sie davor (Spätherbst bis zeitiges Frühjahr) einen zweijährigen Baum mit nackten Wurzeln. Containerpflanzen können das ganze Jahr über gepflanzt werden, solange der Boden nicht gefroren ist oder Staunässe aufweist.

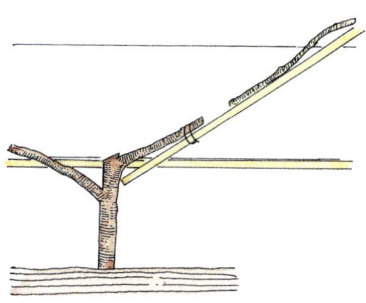

2 Wählen Sie im Frühjahr zwei kräftige Seitentriebe in Stocknähe aus. Direkt über dem oberen wird der Mitteltrieb abgeschnitten. Binden Sie die Triebe an den Bambusstangen und den Drähten fest.

3 Schneiden Sie im Frühjahr des folgenden Jahres jeden Seitenzweig etwa 30 cm vom Stamm entfernt über einem nach außen weisenden Auge ab. Dadurch wird die Bildung einer kräftigen Krone angeregt.

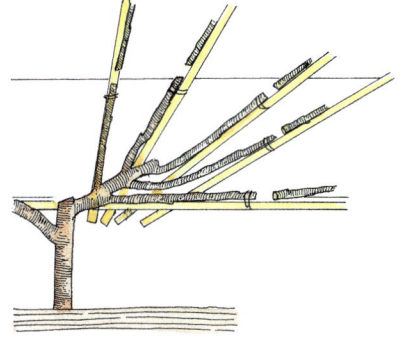

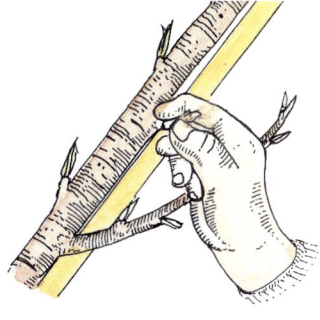

4 Im Sommer treiben Zweige aus den beiden Ästen. Befestigen Sie diese an Stangen und erziehen Sie sie in die gewünschte Lage. Im Frühjahr werden sie auf 45 bis 50 cm Länge (über einer nach außen weisenden Knospe) zurückgeschnitten.

5 In diesem und den folgenden Jahren entfernen Sie im Frühjahr alle Triebe, die Richtung Wand oder von ihr weg wachsen, denn die Zweige sollen nur nach oben oder unten wachsen.

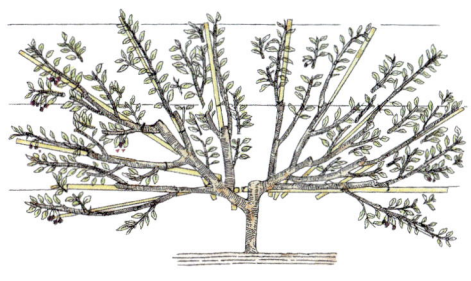

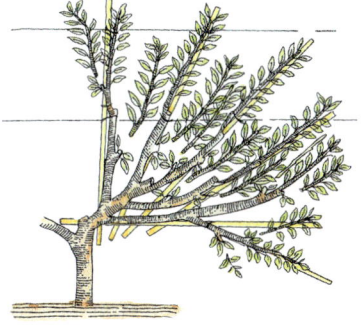

6 Gegen Ende des Mittsommers desselben Jahres schneiden Sie alle für den Fächeraufbau nutzlosen Triebe bis auf fünf oder sechs Blätter zurück. Befestigen Sie Seitentriebe, die leere Stellen ausfüllen oder altes Holz ersetzen sollen. Wenn die Triebe das obere Mauerende erreichen, schneiden Sie diese auf einen schwachen Seitentrieb zurück.

7 Im Herbst wachsen die Triebe langsamer weiter. Schneiden Sie alle Seitenzweige, die im Mittsommer zurückgeschnitten wurden, auf drei Blätter vom Stammansatz entfernt zurück. So wird die Entwicklung von Fruchtknospen am Stammansatz im Folgejahr angeregt. Achten Sie darauf, dass die Wurzeln im Sommer nicht austrocknen, da sonst die Entwicklung junger, gesunder Triebe beeinträchtigt werden könnte.

Links: Feigen *(Ficus carica)* gehören zu den ältesten kultivierten Obstarten. Sie benötigen einen sonnigen, geschützten Platz.

Feigen *(Ficus carica)* wachsen in wärmeren Regionen der gemäßigten Zone und tragen Früchte an den Triebspitzen des vorjährigen Holzes. Manchmal entwickelt sich eine zweite Ernte an diesjährigen Trieben. Diese Früchte reifen aber nur selten aus und sollten entfernt werden. In kühleren Gegenden zieht man sie am besten als Fächerspalier an einer warmen, geschützten Wand. Die Früchte reifen zwischen Spätsommer und Frühherbst und hängen herunter, sobald die Stängel weich werden. Breiten sie sich zu stark aus, können Feigen durch einen Wurzelschnitt gezügelt werden.

Die Gemeine oder Schwarze Maulbeere *(Morus nigra)* stammt wahrscheinlich aus Asien, ist aber seit vielen Jahren auch in Europa und Nordamerika anzutreffen. Die saftigen Früchte reifen im Spätsommer. Der große, langsam wachsende Baum braucht ca. acht Jahre, bis er Früchte trägt. Das Schneiden hält sich in Grenzen; die Schnittstellen bluten leicht und müssen ausgebrannt werden. Schneiden Sie nur während der Ruheperiode im Winter. Bei Jungpflanzen ist das vorrangige Ziel die Ausbildung einer Krone. Später werden vor allem abgestorbene oder fehlplatzierte Äste entfernt.

Die Weiße Maulbeere *(M. alba)* hat süße, aber fade schmeckende, weiße, rosa oder violette Früchte und wird hauptsächlich wegen ihrer hellgrünen, bei Seidenraupen sehr beliebten Blätter angebaut.

FEIGEN UND MAULBEEREN

Dieses seltene Obst verdient es, mehr beachtet zu werden. Früher waren Feigen weit verbreitet, denn die Römer pflanzten sie in ganz Europa an. Man schätzt sie vor allem wegen ihrer saftigen Früchte, die frisch oder getrocknet verzehrt werden können. Früher wurden die Blätter im Fernen Osten zum Einbalsamieren verwendet. Grüne Äste und Blätter wurden gekocht, um einen goldgelben Farbstoff zu gewinnen. Dieser duftete so stark, dass man ihn auch nach mehreren Wäschen noch riechen konnte. Aus den Früchten lässt sich ein Abführmittel herstellen. Die Schwarze Maulbeere ist von medizinischem Nutzen – aus ihr lässt sich ein Saft gegen Halsschmerzen gewinnen.

Das Wurzelwachstum begrenzen

Feigenwurzeln müssen in ihrem Wachstum eingeschränkt werden, da die Pflanze sonst nur viele Blätter und wenig Früchte produziert. Graben Sie zum Pflanzen ein 60 cm breites und tiefes Loch. Fassen Sie dieses mit Steinen ein und füllen Sie es zuerst zur Hälfte mit Geröll und dann mit Geröll vermischter Erde auf.

FEIGEN IN FÄCHERSPALIERFORM

1 Pflanzen Sie im Winter eine zweijährige Container-pflanze in 15 bis 20 cm Entfernung von einer schüt-zenden, warmen Wand. Ziehen Sie – 45 cm über dem Boden beginnend und bis zum oberen Mauer-rand – Drähte im Abstand von 23 cm. Schneiden Sie im Frühjahr den Mitteltrieb direkt über dem untersten Draht und über einem Seitentrieb ab. Befestigen Sie zwei kräftige Triebe an Bambusstäben, die im 45-Grad-Winkel an den Drähten angebracht wurden. Schneiden Sie beide Zweige bis zu einer Knospe in 45 cm Entfernung vom Stamm zurück. Entfernen Sie alle anderen Seitentriebe.

2 Lassen Sie im folgenden Sommer vier Triebe an beiden Seiten stehen: einen am Ende, einen an der Unterseite und zwei oben. Entfernen Sie alle anderen Knospen und befestigen Sie die acht verbliebenen Triebe an den Bambusstangen. Das Ziel ist, eine kräftige Krone zu bilden. Lassen Sie viel Platz zwi-schen den Zweigen, damit die Pflanze genügend Licht und Luft abbekommt, denn Feigenblätter sind groß und werfen viel Schatten.

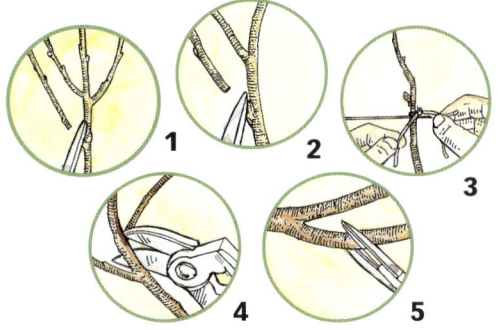

3 Schneiden Sie im Spätwinter des folgenden Jahres alle Haupttriebe zurück, und zwar direkt über einer Knospe, die in der gewünschten Richtung weiterwachsen wird. Lassen Sie etwa 60 cm des vorjährigen Holzes stehen. Im Sommer dürfen sich weitere Triebe entwickeln. Entfernen Sie uner-wünschte Knospen.

4 Nach der Form bildenden Phase wird das Spalier routinemäßig im Frühjahr und Sommer geschnitten. (**1**) Entfernen Sie im Frühjahr kranke und frostge-schädigte Triebe. (**2**) Dünnen Sie junge Triebe bis auf eine Knospe vom Stammansatz entfernt aus. (**3**) Lenken Sie junge Triebe in die gewünschte Richtung und befestigen Sie sie. (**4**) Entfernen Sie Triebe, die gegen die Wand und von ihr weg wachsen. (**5**) Schneiden Sie einige alte, kahle Triebe direkt über der ersten Knospe ab. Schneiden Sie Jungtriebe im Frühsommer bis auf fünf Blätter vom Stamm-ansatz entfernt zurück.

Links: Das Ausdünnen der Trauben gewährleistet, dass die verbleibenden Weinbeeren eine angemessene Größe erreichen.

WEINREBEN

Es gibt viele verschiedene Schnittmethoden: Reben, die in gemäßigten Zonen in Gewächshäusern wachsen, haben beispielsweise andere Bedürfnisse als Freilandreben, was oft an der begrenzten Höhe liegt. Eine beliebte Schnitttechnik ist die einfache Kordonform, die bei einem Anbau im Freien sicherlich die beste Lösung ist und hier ausführlich beschrieben wird. Varianten sind die doppelte Kordonform (zwei senkrechte Triebe aus einer Rute erzogen) und der „Multipelkordon" (vier vertikale Triebe entspringen einer Rute). Doch unabhängig davon, welche Technik angewendet wird: Die Trauben wachsen immer am einjährigen Holz. Reben sollten deshalb jedes Jahr geschnitten werden, um die Entwicklung von Seitentrieben anzuregen, die später Frucht tragen. Im Sommer werden die Seitenzweige zurückgeschnitten, um die Energie der Rebe auf die Fruchtausbildung zu lenken.

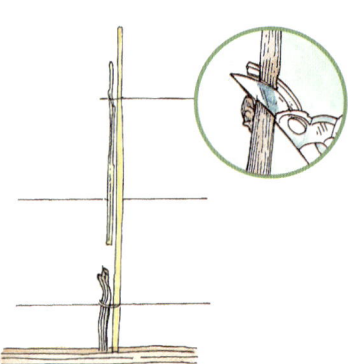

1 Ziehen Sie – 13 cm von der Wand und 45 cm vom Boden entfernt – verzinkte Drähte im Abstand von 30 cm. Daneben pflanzen Sie zu Beginn des Frühjahrs eine Rebe (mit nackten Wurzeln). Schneiden Sie den Haupttrieb 50 cm über dem Boden (kurz über einem kräftigen Auge) ab. Kürzen Sie alle anderen Triebe bis auf ein Auge vom Stammansatz entfernt ein. Befestigen Sie die Rute an einem Bambusstab.

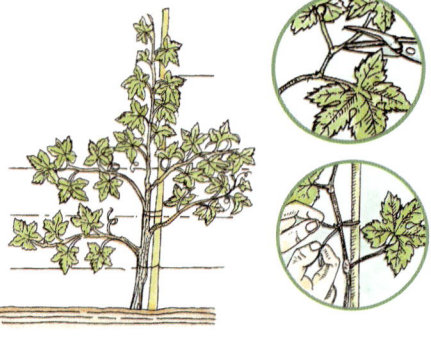

2 Im folgenden Sommer wachsen Triebe aus der Knospe an der Spitze des Haupttriebes und aus den unteren Knospen. Erziehen Sie den Mitteltrieb nach oben und befestigen Sie diesen an einer Bambusstange. Schneiden Sie im Mittsommer alle Seitentriebe (diejenigen, die dem Hauptstamm entspringen) bis auf fünf oder sechs Blätter und alle Triebe, die den Seitenzweigen entspringen, bis über ein Blatt zurück. Alle Triebe aus der Basis des Haupttriebes werden entfernt.

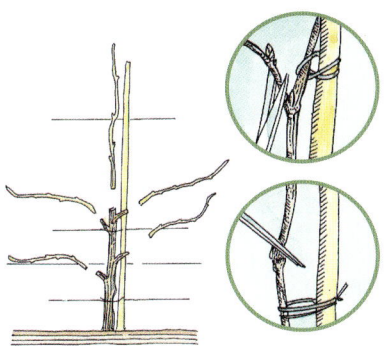

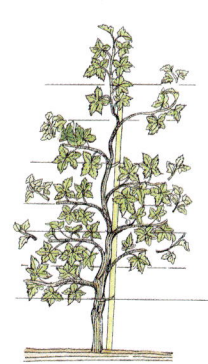

3 Im nächsten Winter schneiden Sie während der Ruheperiode den Leittrieb bis auf ein Drittel zurück. Schneiden Sie die Seitentriebe bis auf ein kräftiges Auge zurück. Der Leittrieb sollte beim Festbinden nicht eingeschnürt werden.

4 Sobald die Seitenzweige im Sommer neun oder zehn Blätter tragen, schneiden Sie diese bis auf fünf oder sechs Blätter zurück. Seitenzweige zweiter Ordnung werden bis auf ein Blatt vom Stammansatz entfernt zurückgeschnitten. Knipsen Sie Blütenbüschel an den Seitenzweigen aus, denn eine zu frühe Ernte sollte vermieden werden.

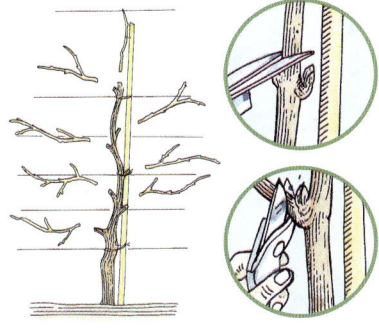

5 Zu Beginn oder Mitte des Winters kürzen Sie den Leittrieb bis auf ein Drittel (kurz über einem kräftigen Auge) des vorjährigen Holzes. Schneiden Sie die Seitenzweige bis auf ein Auge des Neuaustriebes zurück.

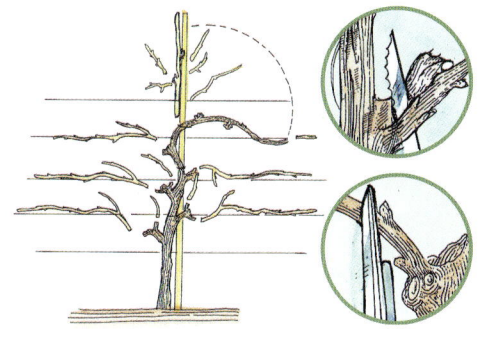

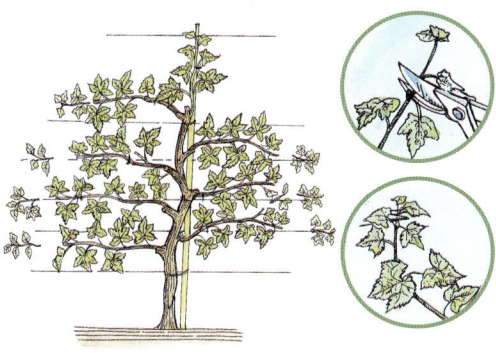

6 Im folgenden Sommer schneiden Sie Seitentriebe mit einem Blütenbüschel auf zwei darunter liegende Blätter und die Spitzen fruchtloser Seitentriebe bis auf fünf Blätter zurück. An schwachen Seitentrieben werden alle Blütenbüschel bis auf eins ausgeknipst. Kürzen Sie den Seitentrieben entspringende Triebe auf ein Blatt ein.

7 Schneiden Sie die Rebe wieder zu Beginn oder Mitte des Winters. Kürzen Sie Seitentriebe bis zum ersten kräftigen Auge des vorjährigen Holzes. Hat der Leittrieb den obersten Draht noch nicht erreicht, schneiden Sie ihn bis auf ein Drittel des vorjährigen Holzes zurück. Sobald der oberste Draht erreicht ist, schneiden Sie den Leittrieb bis auf zwei Augen zurück. Danach wird in jedem Jahr auf zwei Augen zurückgeschnitten. Senken Sie für einige Wochen die obere Hälfte des Leittriebes ab, bis eine nahezu horizontale Stellung erreicht ist. Eine gleichmäßige Triebentwicklung wird so angeregt. Im Frühjahr binden Sie den Trieb wieder senkrecht an. Werden die Kurztriebe an den Seitenzweigen zu dicht, sollten sie mit einer kleinen Säge entfernt werden.

7 BEERENOBST

Auch im kleinsten Garten ist normalerweise Weise Platz für
einen Johannisbeerbusch, ein paar Himbeersträucher oder
anderes Beerenobst. Duch eine geschickte Pflanzenauswahl
kann man über einen langen Zeitraum hinweg – vom Sommer
bis zu den ersten Frösten – frisches Obst ernten. Auch wenn
diese Pflanzen regelmäßige Pflege erfordern, die Mühe wird
sich mit Sicherheit auszahlen, denn frisch gepflückte Früchte
schmecken wesentlich aromatischer als solche, die Hunderte
von Kilometern entfernt geerntet wurden und bereits eine
lange Reise hinter sich haben.

Strauchbeerenobst wie Stachelbeeren oder Schwarze, Rote und Weiße Johannisbeeren haben unterschiedliche Wuchsformen. Manche tragen Frucht an Trieben des Vorjahres, die dem Stock entspringen, andere besitzen eine ausdauernde Krone. Alle benötigen einen regelmäßigen Schnitt, da sie ansonsten schnell ein unübersichtliches Gewirr von Ästen entwickeln. Gleichzeitig sinken die Qualität und die Quantität ihrer Früchte rapide. Besonders Schwarze Johannisbeeren werden schnell zu dicht und weisen mit der Zeit nur noch alte, unfruchtbare Zweige auf. Vernachlässigte Himbeeren bestehen dagegen aus alten, Frucht tragenden Trieben und schwachen, dürren Jungtrieben. Ein jährlicher Rückschnitt von alten Zweigen regt das Wachstum von gesunden Jungtrieben an.

Blau- und Preiselbeeren sind winterharte Sträucher. Die Amerikanische Blaubeere (*Vaccinium corymbosum*) ist in Nordamerika heimisch. Sie wird gerne als Kuchenbelag verwendet und zu Kompott verarbeitet. Preiselbeeren (*V. oxycoccos*) stammen aus Amerika und Europa. Preiselbeeren sind eine beliebte Beilage

zu Pute und Wild. Es gibt weitere verwandte Sträucher, die essbare Früchte tragen, aber selten in Gärten gefunden werden. Dazu gehören Heidelbeeren (*V. myrtillus*), Zwergheidelbeeren (*V. angustifolium*) und Großfrüchtige Moosbeeren (*V. macrocarpon*).

Die Amerikanische Blaubeere eignet sich vor allem für Gärten mit sauren Böden (pH-Wert von ca. 4,5). Bei pH-Werten über 5,5 gedeiht sie nicht mehr. In den ersten drei Jahren nach dem Pflanzen sind Schnittmaßnahmen nicht erforderlich. Danach wird ein Neuaustrieb angestrebt, damit man im übernächsten Jahr ernten kann. Die blauen, kugeligen Beeren erscheinen an den Triebspitzen des Vorjahres. Schneiden Sie unproduktive oder schwache Triebe aus und fördern Sie die Entwicklung junger, Frucht tragender Triebe, indem einige der ältesten Triebe bis auf den Boden zurückgeschnitten werden. Entfernen Sie niedrig wachsende oder nach unten gerichtete Zweige. Versuchen Sie, die Pflanze nach oben zu erziehen.

Preiselbeeren bevorzugen ebenfalls sauren Boden und sind nahe verwandt mit den Blaubee-

Oben: Rote Johannisbeeren in Fächerspalierform sind ideal für kleine Gärten.
Links: Stachelbeeren wachsen in diesem Bauerngarten zwischen farbenfrohen Stauden.

ren. Sie benötigen wenig Pflege. Im Frühjahr müssen lediglich alte Triebe entfernt werden. Achten Sie darauf, dass benachbarte Pflanzen nicht bedrängt werden. Um eine buschige Form zu erhalten, können lange Triebe im Herbst abgesenkt und zur Wurzelbildung angeregt werden. Im nächsten Herbst werden die bewurzelten Triebe von der Mutterpflanze abgetrennt und im Frühjahr neu eingepflanzt.

Links: Rote Johannisbeeren in Kordonform.

ROTE UND WEISSE JOHANNISBEEREN

Rote und Weiße Johannisbeeren *(Ribes sativum)* sind winterharte, Laub abwerfende Sträucher, die in den gemäßigten Zonen auftreten und ideale Sommerfrüchte für kleine Gärten darstellen. Die Schnittmethode ist – im Gegensatz zur Schwarzen Johannisbeere (siehe Seite 118–119) – bei beiden gleich. Die Schwarze Johannisbeere treibt aus dem Boden oder aus zuvor geschnittenen Zweigen aus. Rote und Weiße Johannisbeere bilden dagegen Bodentriebe. Diese 15 bis 20 cm langen Triebe verbinden die Wurzeln mit den Zweigen, die nicht auf Bodenhöhe austreiben sollten.

Rote und Weiße Johannisbeeren produzieren Früchte an Kurztrieben des alten Holzes und in Büscheln an der Basis der vorjährigen Triebe. Sie sollten im Winter und im Sommer geschnitten werden, besonders, wenn sie in Kordonform gezogen werden. Der Sommerschnitt unterstützt die Bildung von Fruchttrieben, ohne die Triebbildung zu fördern. Büsche bringen einen Ertrag von 3 bis 5 kg, einfache Kordons von 1 bis 1,5 kg.

ROTE UND WEISSE JOHANNISBEEREN IN BUSCHFORM

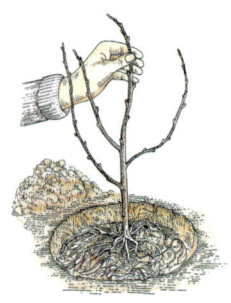

1 Setzen Sie einjährige Büsche während ihrer Ruheperiode vom Spätherbst bis zum Spätwinter. Pflanzen Sie den Busch etwas niedriger als im ersten Jahr. Schneiden Sie im Winter alle Triebe um die Hälfte bis kurz über einer nach außen weisenden Knospe zurück. Zweijährige Büsche tragen früher Früchte.

2 In der nächsten Ruheperiode schneiden Sie jeden Zweig um die Hälfte bis auf eine nach außen weisende Knospe zurück. In der dritten Ruheperiode werden alle Leittriebe um ca. 15 cm bis auf eine nach außen weisende Knospe zurückgeschnitten. Seitentriebe kürzt man bis auf zwei Knospen vor dem Stamm.

3 Im vierten und den folgenden Jahren schneiden Sie den Leittrieb um maximal 2,5 cm zurück. Schneiden Sie weitere Seitentriebe aus, um neue Kurztriebe zu bilden und um alte Zweige zu entfernen. Neue Seitentriebe werden auf etwa fünf Blätter vom Stammansatz entfernt zurückgeschnitten.

ROTE UND WEISSE JOHANNISBEEREN IN KORDONFORM

1 Im Winter werden einjährige Pflanzen im Abstand von 40 cm gesetzt. Direkt nach dem Pflanzen wird der Haupttrieb um ein Drittel oder die Hälfte bis auf eine nach außen weisende Knospe gekürzt. Schneiden Sie Seitentriebe bis auf eine Knospe vom Stammansatz entfernt zurück. Entfernen Sie alle Triebe, die bis zu 10 cm vom Boden entfernt wachsen. Pflocken Sie jede Pflanze an.

2 Im folgenden Jahr schneiden Sie im frühen Mittsommer die diesjährigen Seitentriebe auf vier bis fünf Blätter vom Stammansatz entfernt zurück. Der Leittrieb wird nicht geschnitten. Achten Sie darauf, dass alle Triebe am Pflock befestigt sind und die Binder nicht zu eng sitzen. Schlingen Sie gegebenenfalls eine Schlaufe um den Trieb und befestigen Sie die Schnur an dem Pflock.

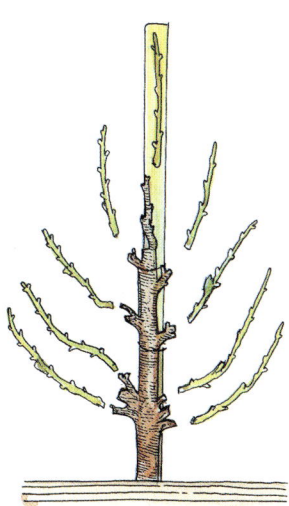

3 Im zweiten und in späteren Jahren werden Kordons im Winter geschnitten. Schneiden Sie den Leittrieb bis kurz über einer gesunden Knospe zurück und entfernen Sie bis auf ca. 15 cm alle jungen Triebe. Kürzen Sie alle neuen Triebe an Seitentrieben, die im Vorjahr geschnitten wurden, bis auf 2,5 cm. Verbrennen Sie die Schnittabfälle.

4 In dritten und allen folgenden Sommern schneiden Sie die Seitentriebe bis auf vier oder fünf Blätter an den jungen Trieben desselben Jahres zurück. Befestigen Sie den Leittrieb an einer Stütze. Er wird im nächsten Winter bis auf eine Knospe des Neuaustriebs zurückgeschnitten.

Links: Schwarze Johannisbeeren tragen die besten Früchte an Trieben des Vorjahres.

SCHWARZE JOHANNISBEEREN

Schwarze Johannisbeeren *(Ribes nigrum)* lassen sich leicht anbauen und schneiden und wachsen im Gegensatz zu Roten und Weißen Johannisbeeren als frei stehende Büsche. Für Spalier oder Kordonform eignen sie sich nicht. Während der Ruheperiode können sie von Mitte Herbst bis Frühlingsanfang jederzeit gepflanzt werden, solange der Boden nicht gefroren ist oder Staunässe aufweist. Sie bilden große Sträucher, deren Triebe aus dem Boden sprießen. Pflanzen, die auf diese Weise gezogen werden, nennt man Mutterpflanzen.

Schwarze Johannisbeeren tragen die besten Früchte an den Trieben des Vorjahres, manche Früchte auch am älteren Holz. Der jährliche Schnittablauf zielt darauf ab, möglichst viel altes Holzes zu entfernen, die Entwicklung neuer Triebe anzuregen und den Busch nicht zu dicht werden lassen.

Bereiten Sie den Boden vor dem Pflanzen sorgfältig vor, entfernen Sie alle ausdauernden Unkräuter und arbeiten Sie viel Dünger ein. Schwarze Johannisbeeren benötigen einen sonnigen, windgeschützten Platz.

Verjüngungsschnitt bei alten Büschen

Sobald Schwarze Johannisbeerbüsche vernachlässigt werden, weisen sie viele alte, unproduktive Zweige auf. Sind die Büsche sehr alt und haben sie viel schwarzes Holz, werden sie am besten durch junge Büsche ersetzt.

Wurden sie nur drei oder vier Jahre vernachlässigt, können sie durch das Zurückschneiden aller Triebe auf Bodenhöhe im Spätsommer oder Anfang Herbst verjüngt werden. Ein drastischer Rückschnitt regt die Entwicklung junger Triebe in Bodenhöhe und aus dem Wurzelstock an. Im Folgejahr werden keine Früchte gebildet, aber viele einjährige Triebe.

Um die Entwicklung dieser jungen Triebe zu fördern, streuen Sie einen Volldünger um den Busch, wässern ihn sorgfältig und fügen Mulch zu. Halten Sie den Boden im Sommer feucht und entfernen Sie regelmäßig Unkräuter.

1 Pflanzen Sie junge Büsche während ihrer Ruhe-periode und setzen Sie sie etwas tiefer als zuvor. Die vorherige Pflanzhöhe ist am Stamm sichtbar.

2 Drücken Sie den Boden um und über den Wur-zeln an und schneiden Sie dann alle Triebe bis auf 2,5 cm über dem Boden ab. Dies ist zwar eine ziemlich drastische Maßnahme, fördert aber den Austrieb junger Triebe aus dem Wurzelstock. Wird der Pflanzschnitt nicht ausgeführt, sinken die Qualität und die Menge der Früchte.

3 Gegen Ende des folgenden Sommers haben sich junge Triebe entwickelt und im Herbst nach dem Fall der Blätter ähnelt die Pflanze der hier abgebildeten. Es ist kein weiterer Schnitt erforderlich.

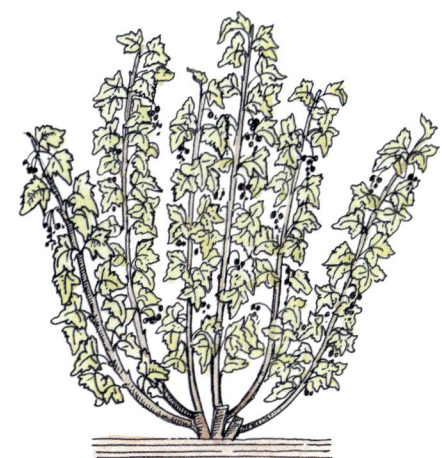

4 Im folgenden Jahr tragen diese Triebe Frucht. Zur gleichen Zeit entwickeln sich aus dem Stock junge Triebe, die später Früchte tragen.

5 In allen folgenden Jahren schneiden Sie den Busch nach der Ernte oder im Herbst. Kürzen Sie altes Holz bis auf den Boden. Die Mehrzahl der Triebe, die Frucht getragen haben, werden entfernt. Schneiden Sie beschädigte und quer wachsende Triebe aus, damit Licht und Luft das Reifen der jungen Triebe unterstützen können.

Schwarze Johannisbeersorten

Früh fruchtende Sorten:
- 'Boskoop Giant' und 'Laxton's Giant'

Mittelfrüh fruchtende Sorten:
- 'Ben More', 'Ben Nevis' und 'Wellington XXX'

Spät fruchtende Sorten:
- 'Ben Sarek' und 'Amos Black'

STACHELBEEREN

Oben: Stachelbeeren lassen sich problemlos ziehen – ein kühler Standort und regelmäßiges Mulchen vorausgesetzt.

Im Gegensatz zu den Schwarzen Johannisbeeren, bei denen eine Unmenge von Trieben aus dem Boden sprießen, entwickeln Stachelbeeren *(Ribes uvacrispa)* einen kurzen Stamm, auch Fußstamm genannt, aus dem die Frucht tragenden Äste austreiben. Die meisten Stachelbeeren werden als Sträucher angepflanzt, können aber auch als einfache, doppelte oder dreifache Kordons und als Fächerspalier erzogen werden.

Stachelbeersträucher tragen Früchte am einjährigen Holz und an den Kurztrieben, die sich aus älteren Trieben entwickeln. Pflanzen in Kordonform tragen Früchte an den Kurztrieben, die direkt dem kurzen Stamm entspringen.

Der Pflanzschnitt der Büsche zielt darauf ab, eine kräftige Krone aus ausdauernden Ästen zu bilden, die gleichmäßig um den Stamm angeordnet sind. Ausgewachsene Stachelbeeren werden im Winter und Sommer geschnitten.

Stachelbeersorten

Frühfruchtende Sorten:
- 'Broom Girl', 'Golden Drop' und 'May Duke'

Mittelfrüh-fruchtende Sorten:
- 'Careless', 'Invicta', 'Keepsake' und 'Leveller'

Spätfruchtende Sorten:
- 'Lancer', 'White Lion', 'Lancashire Lad' und 'Lord Derby'

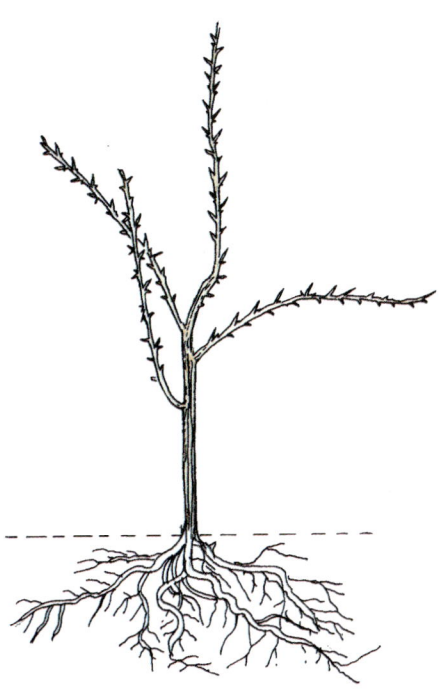

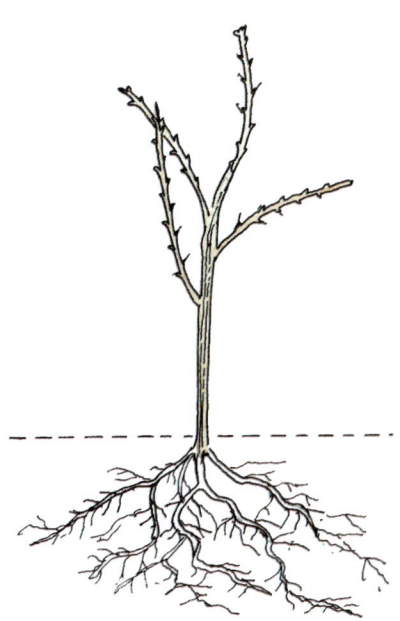

1 Pflanzen Sie einen einjährigen Pflanzbaum während seiner Ruheperiode von Spätherbst bis Spätwinter. Setzen Sie ihn etwas tiefer als zuvor und achten Sie darauf, dass er einen Fußstamm hat.

2 Schneiden Sie direkt nach dem Pflanzen jeden Hauptast um die Hälfte bis auf eine nach oben weisende Knospe zurück. Der Stamm sollte 15 bis 20 cm lang sein.

3 Im Spätherbst oder Frühwinter des folgenden Jahres entwickeln sich kräftige Triebe aus den zurückgeschnittenen Ästen. Kürzen Sie diese um die Hälfte bis auf eine nach innen oder oben weisende Knospe. Im folgenden Herbst haben sich weitere Triebe entwickelt. Schneiden Sie alle Leittriebe um die Hälfte zurück. Kürzen Sie Seitenzweige auf 5 cm Länge und entfernen Sie quer wachsende Zweige.

4 Schneiden Sie in den folgenden Jahren zum Ende des Frühsommers alle Seitentriebe am diesjährigen Holz auf fünf Blätter zurück. Die Leittriebe werden nicht geschnitten. Im folgenden Winter schneiden Sie die Leittriebe um die Hälfte und alle Seitenzweige bis auf zwei Knospen vom Stammansatz entfernt zurück.

Links: 'Mailing Jewel' ist eine empfehlenswerte, im Sommer tragende Himbeersorte.

2 bis 3 kg, bezogen auf eine 90 cm lange Reihe. Im Herbst tragende Sorten kommen auf etwa 200 g. Pflanzt man beide Arten an, kann man frisches Obst von der Sommermitte bis zu den ersten Frösten ernten.

Wenn man nur einige wenige Ruten pflanzen möchte, genügt ein einzelner Pfosten als Stütze. Vor dem Pflanzen der Ruten setzen Sie einen etwa 2,5 m langen und 6 cm dicken Pfosten etwa 60 cm tief ein. Die Ruten werden im Kreis drumherum gepflanzt und mit langen Schlaufen aus Draht oder fester Schnur locker an der Stütze angebunden.

Die einreihige Hecke ist die normale Technik zur Erziehung von Himbeerruten. An jedem Reihenende graben Sie einen stabilen, etwa 2,5 m langen Pfosten 60 cm tief ein. Spannen Sie in drei Reihen verzinkten Draht zwischen den Pfosten, und zwar in 0,75, 1 und 1,6 m Höhe.

Für eine zweireihige Hecke stecken Sie ca. 2 m lange und 6 cm dicke, rechteckige Pfosten an den Reihenenden 60 cm tief in den Boden. Befestigen Sie zwei etwa 75 cm lange Leisten waagerecht und im Abstand von 1 m an der Außenseite der Pfosten. Spannen Sie kräftigen, nicht verzinkten Draht dazwischen, sodass die Pflanzen ausreichend gestützt werden können.

HIMBEEREN

Himbeeren *(Rubus idaeus)* gehören zu den beliebtesten und am weitesten verbreiteten Beerenobstarten. Wahrscheinlich liegt dies, neben dem köstlichen Geschmack, auch an den reichen Ernteerträgen. Im Sommer tragende Sorten bringen es auf

Himbeersorten

Im Sommer tragende Sorten:
- 'Glen Cova' und 'Glen Moy' (beide früh), 'Mailing Admiral' und 'Mailing Jewel' (beide Mittsommer) und 'Leo' (spät)

Im Herbst tragende Sorten:
- 'Heritage', 'Zeva' und 'Fallgold'

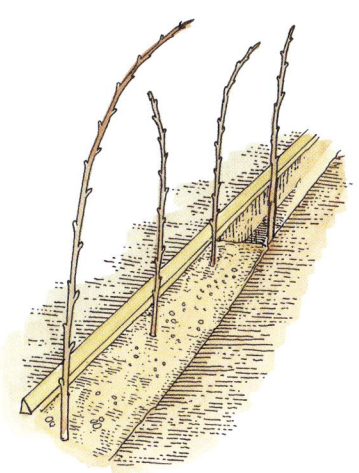

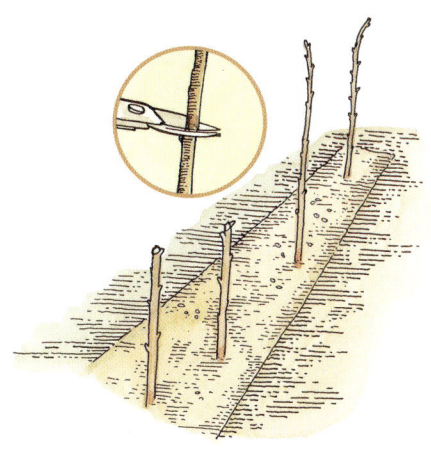

1 Pflanzen Sie im Sommer tragende Himbeeren vom Spätherbst bis zum zeitigen Frühjahr im Abstand von 45 cm und etwa 8 cm tief. Breiten Sie die Wurzeln aus, bevor Sie die Erde andrücken. Richten Sie die Reihen von Nord nach Süd aus, damit keine Pflanze ihren Nachbarn beschattet. Die Reihen sollten mindestens 1,8 m auseinander liegen.

2 Sofort nach dem Pflanzen schneiden Sie die Ruten auf 23 bis 30 cm Höhe über einem gesunden, ruhenden Auge ab. Solange die Ruten klein sind, errichten Sie an kräftigen Pfosten Reihen von Stützdrähten in 0,75, 1 und 1,6 m Höhe. Drücken Sie im Spätwinter durch Frost aufgelockerte Erde an.

3 Triebe, die im Frühling aus dem Boden sprießen, tragen im folgenden Jahr Frucht. Schneiden Sie die alten, 23 bis 30 cm langen Ruten über dem Boden ab. Befestigen Sie im folgenden Sommer die jungen Ruten an den Drähten. Lassen Sie nicht mehr als acht Ruten stehen.

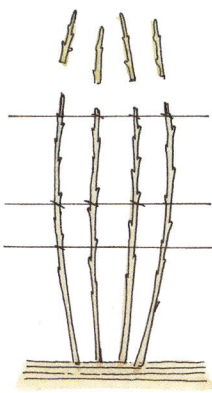

4 Schneiden Sie im Spätwinter die Rutenspitzen etwa 15 cm über dem obersten Draht und kurz über einer gesunden Knospe ab. Im folgenden Sommer erscheinen Ruten, die im nächsten Jahr Frucht tragen. Dieser Kreislauf aus Ruten des Vorjahres und Neuaustrieb aus dem Stock wiederholt sich jedes Jahr.

5 Schneiden Sie nach der Ernte alle Frucht tragenden Ruten bis auf Bodenhöhe ab. Die jungen Ruten, die im Folgejahr Frucht tragen, bleiben stehen. Erlauben Sie nicht mehr als acht Triebe pro Pflanze. Befestigen Sie diese in etwa 10 cm Abstand an den Drähten. Sind die jungen Ruten kräftig und wüchsig, befestigen Sie ihre Spitzen am obersten Draht, um weiteres Wachstum zu begrenzen. Dadurch wird ein schnelleres Reifen angeregt.

Links: Stachellose Brombeeren wachsen in der Regel weniger stark als stachlige Arten.

BROMBEEREN, BOYSENBEEREN UND KREUZUNGEN

Die Zuchtformen der Brombeere *(Rubus fruticosus)* sind größer und süßer als die von wilden Hecken gesammelten Beeren. Eine ausgeformte Pflanze bringt cincn Crtrag von 4 bis 9 kg, manchmal bis zu 13 kg. Unter anderem sind folgende Sorten erhältlich: 'Bedford Giant' (frohwüchsig, schwarze Früchte im Mitt- und Spätsommer), 'Himalaya Giant' (mittelgroße Früchte im Spätsommer) und 'Oregon Thornless' (eine beliebte stachellose Sorte mit Früchten vom Spätsommer bis Anfang Herbst).

Hybriden, wie Taybeeren, Boysenbeeren und Kratzbeeren, sind hauptsächlich Kreuzungen zwischen Brombeeren und Himbeeren. Die meisten Kreuzungen sind nicht so starkwüchsig wie Brombeeren. Boysenbeeren – eine natürliche Kreuzung zwischen Brom- und Himbeere – sollen vor mehr als einem Jahrhundert in Kalifornien von dem Richter J. H. Logan entdeckt worden sein. Die dunkelroten Früchte sind etwa 5 cm groß und weisen einen charakteristischen Geschmack auf. Sie reifen vom

Mitt- bis Spätsommer. Es gibt zwei Klone: L654 (stachellos) und LYS9 (mit Stacheln).

Außer der hier dargestellten Palmettenerziehung können Brombeeren, Boysenbeeren und andere Kreuzungen auch als Fächerspalier an horizontalen Drähten erzogen werden. Diese Technik ist mit einem hohen Pflegeaufwand verbunden, produziert aber eine reiche Ernte. Manchmal wachsen alte Ruten zwischen jungen, aber in der Regel zieht man alte Ruten auf der einen, junge Ruten auf der anderen Seite. Der Schnitt ist einfacher und Triebe, die Frucht getragen haben, sind leichter zu erkennen. Binden Sie die Ruten mit einer weichen Schnur an den Drähten fest.

Alternativ können die Ruten in Vierer- oder Fünfergruppen an einzelne Drähte gebunden werden. Diese Technik ist einfacher und schneller als die Fächerspalierform. Das Erziehen von alten und jungen Ruten an je einer Seite erleichtert den Schnitt. Alte Ruten werden auf Bodenhöhe abgeschnitten. Im folgenden Jahr entwickeln sich junge Ruten auf der anderen Seite, die in kleinen Gruppen an den Drähten erzogen werden.

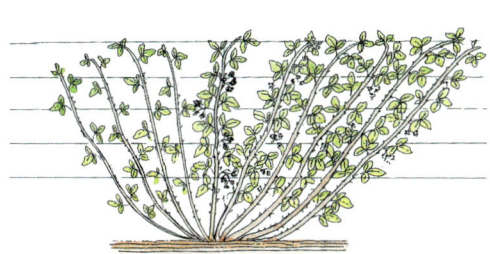

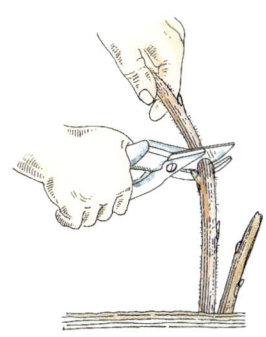

1 Pflanzen Sie Brombeeren und Kreuzungen zwischen Herbstmitte und Spätwinter, sobald der Boden frostfrei ist und keine Staunässe aufweist. Setzen Sie die Pflanzen im Abstand von 1,8 bis 3 m an mehrere Reihen waagerechter Stützdrähte (starkwüchsige Arten: 3,5 m Abstand). Alljährlich produzieren die Pflanzen junge Ruten, die im nächsten Jahr Frucht tragen.

2 Schneiden Sie direkt nach dem Pflanzen jeden Trieb auf etwa 23 cm über dem Boden direkt über einer gesunden Knospe ab, um den Neuaustrieb aus dem Stock zu fördern. Im zeitigen Frühjahr drücken Sie Erde, die sich durch Frosteinwirkung gelockert hat, über den Wurzeln an. Andernfalls wird das Pflanzenwachstum verzögert.

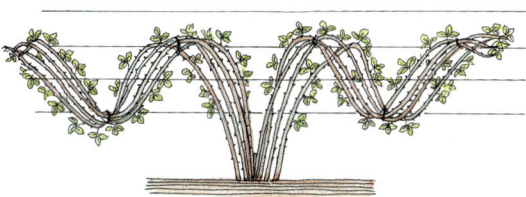

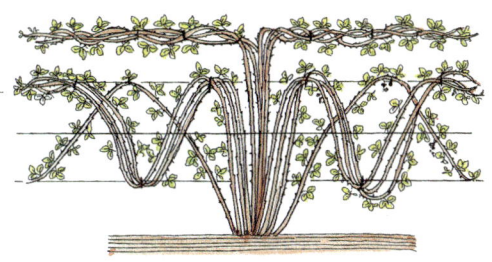

3 Im ersten Sommer treiben junge Ruten aus dem Wurzelstock. Befestigen Sie diese in Wellenform an den drei unteren Drahtreihen – und zwar gleichmäßig auf beiden Seiten. Die oberen Reihen bleiben unbedeckt. Erst die Ruten des nächsten Jahres werden an diesen befestigt.

4 Im folgenden Jahr erziehen Sie die jungen Ruten, die dem Wurzelstock entstammen. Befestigen Sie diese als lockere Büschel, damit Licht und Luft zirkulieren können. So wird das Eindringen von Krankheitserregern verhindert. Vermischen Sie nicht die Ruten zweier Jahrgänge, da sich ansonsten später im Jahr Probleme ergeben.

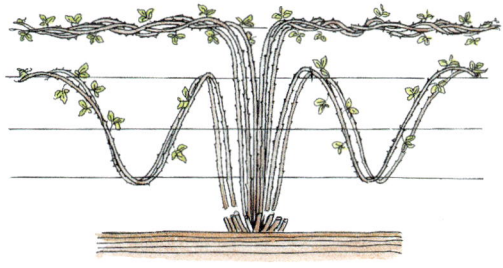

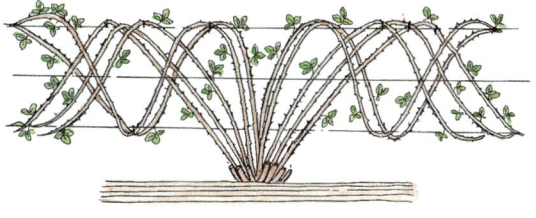

5 Die alten Ruten tragen im Spätsommer Frucht. Nach der Ernte schneiden Sie die betreffenden Ruten bis auf den Boden ab. Schneiden Sie die Binder ab und verbrennen Sie sie zusammen mit den alten Ruten. Werfen Sie diese nie auf den Kompost und tragen Sie bei dieser Arbeit feste Handschuhe.

6 Sobald die alten Ruten entfernt wurden, binden Sie alle diesjährigen Ruten von den oberen Drähten los. Diese tragen im folgenden Jahr Frucht. Die Ruten benötigen Licht und Luft für ihre Reifung, deshalb werden sie in gleichmäßigen Abständen und wieder in Wellenform verteilt. Schneiden Sie im Herbst die Spitzen junger und schwacher Triebe und im Winter die Enden frostgeschädigter Triebe ab.

REGISTER

Fett gedruckte Seitenzahlen beziehen sich auf die Bildunterschriften.

BILDNACHWEIS

Garden Picture Library/Linda Burgess 80 unten, /Zara McCalmont 50 unten, /Brian Carter 110, /Eric Crichton 78, 85, /John Glover 5 (Ausschnitt 5), 29, 65, 66, 74, 83, 87, 118, 120, /Neil Holmes 5 (Ausschnitt 7), 22, 124, /Lamontagne 43 oben, 82, /Jane Legate 39 oben, /Mayer/Le Scanff 48 oben, 94, 106, /Jerry Pavia 2–3, 73, /Laslo Puskas 30, /Howard Rice 37, 39 Bottom, 61, 70 links, 70 rechts, 72 rechts, 100, 102, /JS Sira 20, 40, /Brigitte Thomas 5 (Ausschnitt 4), 68, /Steve Wooster 46, 90,

Octopus Publishing Group Ltd./Michael Boys 5 (Auschnitt 1), 12 links, 32, /Vana Haggerty Umschlagrück-seite, /Jerry Harpur 7, 31, /Andrew Lawson Umschlagvorderseite unten, 63, 64, /Guy Ryecart 11 unten, / Howard Rice Umschlagvorderseite oben links, 5 (Ausschnitt 3), 23, 26, 34, 38, 53, 55 unten, 76, 79, 86, 96, 98, 104, 108, 112, 116, 122, /Guy Ryecart 10–11 (alle Werzeuge bis auf 11 unten), /Mark Winwood Umschlag-vorderseite oben rechts, /Steve Wooster 5 (Ausschnitt 2), 5 (Ausschnitt 6), 8, 9, 13, 15, 28, 59, 84, 88, /George Wright 4–5, 16, 27 links, 56,

Harpur Garden Library 14, 16–17, 18 oben, 21, 27 rechts, 52, 54, 55 oben, 60, /Fudlers Hall, Essex 58,

Andrew Lawson 18 unten, 24, 41 oben, 41 unten, 42, 43 unten, 44, 48 unten, 50 oben, 57, 62, 72 links, 80 oben, 81, 92, 114, 115, /Bosvigo House Cornwall 75, /Old Rectory, Sudborough Northants. 89